低品位菱镁矿石细菌预处理反浮选脱硅及综合利用

滕青 著

北京
冶金工业出版社
2025

内 容 提 要

本书采用细菌预处理-反浮选脱除菱镁矿石中含硅矿物，得到高品位菱镁矿，符合烧结镁砂 MS93A 标准，尾矿制备硫酸镁，精矿制备氧化镁，形成细菌预处理-反浮选-尾矿硫酸浸出，低品位菱镁矿中镁资源综合利用工艺。本书所述成果对于细菌预处理浮选低品位菱镁矿具指导作用，可为低品位菱镁矿的综合利用提供理论基础。

本书可供矿物分选、矿物加工和矿产资源综合利用等行业的生产技术人员阅读，也可作为高等院校矿物加工工程、矿物资源工程等专业师生的参考书。

图书在版编目(CIP)数据

低品位菱镁矿石细菌预处理反浮选脱硅及综合利用/滕青著. --北京：冶金工业出版社，2025. 4. --ISBN 978-7-5240-0243-7

Ⅰ. TD923

中国国家版本馆 CIP 数据核字第 2025NF7324 号

低品位菱镁矿石细菌预处理反浮选脱硅及综合利用

出版发行	冶金工业出版社	**电　　话**	(010)64027926
地　　址	北京市东城区嵩祝院北巷 39 号	**邮　　编**	100009
网　　址	www. mip1953. com	**电子信箱**	service@ mip1953. com

责任编辑　刘思岐　美术编辑　吕欣童　版式设计　郑小利

责任校对　郑　娟　责任印制　禹　蕊

北京建宏印刷有限公司印刷

2025 年 4 月第 1 版，2025 年 4 月第 1 次印刷

710mm×1000mm　1/16；8. 5 印张；166 千字；127 页

定价 89. 00 元

投稿电话　(010)64027932　投稿信箱　tougao@cnmip. com. cn

营销中心电话　(010)64044283

冶金工业出版社天猫旗舰店　yjgycbs. tmall. com

(本书如有印装质量问题，本社营销中心负责退换)

前　言

人类社会生存和发展的物质基础是矿产资源，矿业的可持续发展是经济社会长远发展的客观要求。中国是矿产资源大国，截至2023年底，镁资源储量全球占比超10%，为优势矿产。然而，我国人口众多，人均资源相对不足，经济合理地开发利用镁矿资源，是需要长期面对的战略性问题。

我国菱镁矿已探明储量53.2亿吨，占世界探明储量的33%，居世界首位。辽宁省菱镁矿资源储量超过30亿吨，占全国85%左右，排名全国第一。除辽宁外，山东、河北、新疆、甘肃、四川、西藏等也有一定储量。尽管我国菱镁矿石质量多数优良，但是只有少数矿床有可煅烧高纯镁砂的特级品矿石，多数菱镁矿石都不同程度地含有有害杂质，不能直接作为高档原料，市场价格较低。目前国际市场呈现对初级镁质材料的需求逐渐减少、对高档产品的需求逐步增加的趋势，所以应把提高镁质耐火材料的加工深度，开发高档镁砂、镁砖、不定形耐火材料作为镁质材料发展方向之一。开发高档镁质材料要求有优质的原料，必须通过选矿降低菱镁矿中的白云石、滑石、蛋白石、石英等杂质，提高菱镁矿纯度，为高档耐火材料提供符合要求的原料，国内外许多专家、学者致力于此研究，并取得了很多成果。然而，有关菱镁矿选矿的系统研究较少，降硅、脱钙等研究还有待于进一步发展，目前工业应用也不多。

本书以辽宁营口大石桥市菱镁矿石为研究对象，采用细菌预处理−反浮选脱除菱镁矿石中含硅矿物，得高品位菱镁矿，符合烧结镁砂MS93A标准，尾矿制备硫酸镁，形成细菌预处理-反浮选-尾矿硫酸浸出，低品位菱镁矿中镁资源综合利用工艺。本书将分离获得的硅酸盐细菌命名为TG-08菌，并研究其生长特性，确定其最适生长条件，进一步开展了细菌预处理-十二胺反浮选工作，确定浮选体系的最佳工艺条件。对比可知，细菌预处理可以提高浮选指标。揭示了菱镁矿石经TG-08菌预处理反浮选脱硅指标提高的机理。菱镁矿石与石英经TG-08

菌预处理，其表面性质、细菌培养液离子浓度、pH 值的变化表明，石英表面被溶蚀，与十二胺接触位点增多；TG-08 菌代谢物多糖附着于菱镁矿表面，使其亲水沉淀，菱镁矿与石英的界面差异被强化，使菱镁矿石浮选品位得到提高。利用 Material Studio 软件，通过模拟 TG-08 菌预处理前后石英与药剂、菱镁矿与药剂相互作用过程，可知 TG-08 菌预处理后的石英面更易与十二胺吸附，多糖与十二胺在菱镁矿面存在竞争吸附，且多糖更易与菱镁矿面结合，该模拟体系进一步阐明了 TG-08 菌预处理反浮选提高菱镁矿石脱硅指标的内在原因。本书考察了尾矿硫酸浸出制备硫酸镁的影响因素，镁浸出率可达 84%。镁浸出过程受扩散和化学反应共同控制，符合液-固相非催化反应的缩芯模型。浮选精矿采用碳化法制备活性氧化镁，确定其最佳工艺，得到 MgO 品位 99.00%。本书研究成果对于细菌预处理浮选低品位菱镁矿具指导作用，可为低品位菱镁矿的综合利用提供理论基础。

本书由太原理工大学滕青所著。本书在撰写过程中得到众多师生的大力支持和无私帮助，在此特别感谢作者的博士生导师北京科技大学冯雅丽教授，同时也感谢冶金工业出版社的大力支持。

由于作者水平所限，书中疏漏之处在所难免，请读者批评指正。

著　者

2024 年 10 月

目　　录

1 绪　　论

1.1 菱镁矿资源概况及矿石特性

1.1.1 菱镁矿资源现状

镁是地球上十大常用有色金属元素之一，其在宇宙中含量排名第八，在地壳中的丰度为 2%，在海水中含量排名第三。镁及其合金是迄今在工业中应用的最轻的金属结构材料，广泛用于航空航天、导弹、汽车、建筑等行业。

镁在自然界分布广泛，主要以固体矿和液体矿的形式存在。固体矿主要有菱镁矿、白云石等；液体矿主要来自海水、天然盐湖水、地下卤水等。虽然，逾 60 种矿物中均蕴含镁，但是，全球所利用的镁资源主要是白云石、菱镁矿、水镁石、光卤石和橄榄石这几种矿物；其次为海水苦卤、盐湖卤水及地下卤水。

据美国地质调查局（USGS）数据，2023 年全球菱镁矿储量约为 160 亿吨，其中中国、俄罗斯、朝鲜位列前三，储量分别为 53. 2 亿吨、29. 5 亿吨、15. 5 亿吨，合计超 50%（表 1-1）。

表 1-1　2023 年全球菱镁矿储量

国家	储量/亿吨	全球占比
中国	53. 2	0. 33
俄罗斯	29. 5	0. 18
朝鲜	15. 5	0. 10
巴西	12. 3	0. 08
土耳其	9. 0	0. 06
斯洛伐克	6. 2	0. 04
印度	6. 0	0. 04
澳大利亚	4. 8	0. 03
希腊	3. 3	0. 02
奥地利	2. 6	0. 02
其他国家	17. 6	0. 11
全球总量	160. 0	1. 00

菱镁矿按矿床成矿条件分为晶质菱镁矿、隐晶质菱镁矿。目前，世界菱镁矿已探明资源量约 160 亿吨，其中晶质菱镁矿 125 亿吨，约占菱镁矿资源总量的 78%；隐晶质菱镁矿约 36 亿吨，占比约 22%。另外还有大量的白云石和盐湖镁资源[1]。

中国是世界上镁资源最为丰富的国家之一，镁资源类型全，分布广[2]。特点是地区分布不广、储量相对集中，大型矿床多。据自然资源部统计，2023 年我国菱镁矿储量为 69521.7 万吨，主要分布在辽宁、山东、西藏等地区（表 1-2），其中辽宁省的辽东地区（营口至大石桥至海城一带）是世界级菱镁矿资源集中区[3-6]。

表 1-2　2023 年中国主要菱镁矿产区及探明储量

矿区名称	所在地区	探明储量/亿吨
海城菱镁矿区	辽宁鞍山	32.8
大石桥菱镁矿区	辽宁营口	11.5
岫岩菱镁矿区	辽宁鞍山	4.2
莱州菱镁矿区	山东烟台	4.3
宽甸菱镁矿区	辽宁丹东	1.8
巴青菱镁矿区	西藏那曲	2.5
肃北菱镁矿区	甘肃酒泉	1.6
祁连菱镁矿区	青海海北	1.0

1.1.2　菱镁矿资源矿床类型

关于菱镁矿矿床的成因，在学术界长期以来有着不少争论。归纳起来，根据矿床成因，菱镁矿矿床可分为三大类，即沉积变质型菱镁矿矿床、热液交代型菱镁矿矿床和风化残积型菱镁矿矿床。

1.1.2.1　*沉积变质型菱镁矿矿床*

沉积变质型菱镁矿矿床是我国菱镁矿成矿的主要类型矿床，分布于左态结晶片岩出露地区。成矿构造环境主要为聚敛板块边界上的陆缘海，矿床形成与分布主要受古地理、古气候、大地构造环境和沉积环境、物质来源、海水温度、溶解度、深度及生物的繁盛程度等因素控制。

这类矿床产于白云石大理岩、白云岩或石灰岩中[7]。矿床常呈带状分布，延长可达数十千米至一百千米，宽达数千米，构成巨大的菱镁矿带。矿体分布有固定的层位，多呈层状、似层状、透镜状，延长可达数千米至数万米。一般长几百米至几千米，宽几米至几十米，矿体与围岩的接触线平直且清晰，局部地段有渐变构造，如纹层理、斜层理、交错层理、波痕等，还可见到叠层石、结核等构造。

这类矿石均为晶质菱镁矿，呈灰白色、肉红色；粒径几毫米到几厘米；质量较好。普遍伴生有不同形态的滑石，对矿石质量产生不同程度的影响。矿床规模往往很大，矿石储量可达数百万吨至数十亿吨。此类矿床是最重要的菱镁矿床类型，主要分布于山西、河南、湖南、湖北、广西、贵州、宁夏、吉林、青海、云南、四川等省、自治区。形成时代以石炭系中产出较多，三叠系中也有产出。

1.1.2.2 热液交代型菱镁矿矿床

热液交代型菱镁矿矿床是由含镁的热水溶液对超基性岩、白云岩或白云岩交代而成的，一般产于沿原岩层或断裂附近，矿体似层状、透镜状及不规则团块状。矿体与围岩呈渐变状接触。矿石为非晶质菱镁矿，呈无光泽的白色，有时带褐色斑点，菱镁矿与蛋白石密切共生，使矿石中的二氧化硅含量升高，进而影响矿石质量，此外，还有文石、透闪石、绿泥石、滑石、石髓、石英等矿物。这类矿床分布广，储量大，但就其质量来说不及白云石大理岩中的晶质菱镁矿矿床。

常见的矿床组合主要为白云岩+滑石+菱镁矿组合，白云岩一般呈滑石矿、菱镁矿的顶底板或夹层产出。此类组合包括了我国绝大部分的大中型菱镁矿矿床和大部分的大中型滑石矿床，矿石质量好，开采容易。该组合矿床主要在辽东、胶东地区广泛发育。

1.1.2.3 风化残积型菱镁矿矿床

风化残积型菱镁矿矿床是由橄榄岩、蛇纹岩等镁含量较高的岩体经风化和地表水淋滤沉积作用形成的菱镁矿矿床。即空气中的 CO_2 溶于地表水，生成碳酸，具有强烈溶解能力的碳酸使橄榄岩、蛇纹岩溶解淋滤出菱镁矿，并大量沉积形成矿床。

该类型的矿床，矿体呈脉状、网脉状或透镜状，多不规则，大小不定，但分布面积很大，故也可成为重要的工业矿床。矿石特征为高钙、高硅，原矿很难烧结。矿石中菱镁矿均为隐晶质，各种形态的二氧化硅是最常见到的伴生杂质。

1.1.3 矿石性质和矿物结构

菱镁矿是镁的碳酸盐，化学式为 $MgCO_3$，纯菱镁矿含 MgO 47.81%、CO_2 52.19%。这种矿物有时以类似于方解石的透明晶体出现，但非常稀少。多数菱镁矿或多或少含有铁、钙、锰的碳酸盐，其颜色从白色到略带黄、蓝、红、灰，以至棕黑色。根据结晶状态的不同，菱镁矿可分为晶质和非晶质[8]。

晶质菱镁矿呈菱面体单晶，有完全的菱面体解理，莫氏硬度为 4，密度为 3.1 g/cm^3，常有钙、铁、锰离子呈类质同象混入其中，伴生矿物有白云石、滑石、绿泥石、透闪石、方解石、石英等。

非晶质菱镁矿呈致密坚硬的块体，无解理，无光泽，断口呈贝壳状，莫氏硬度为 3~5，常伴有蛇纹石、蛋白石等硅质矿物，故其中二氧化硅含量较晶质菱镁矿多。

1.1.4 菱镁矿综合利用的必要性

尽管我国菱镁矿储量丰富，但是目前对菱镁矿的利用仍存在许多问题，高效综合利用菱镁矿资源是目前亟待解决的重要问题。

(1) 资源浪费严重，环境问题突出。自 20 世纪 80 年代以来，由于对镁质耐火材料需求迅猛增加及对初级原料加工的准入门槛要求低，致使菱镁矿的开发利用合理性遭到破坏。许多矿山开采没有正规的监管或没有合理的技术支持，许多矿藏也没有经过合理的规划就开采，使天然菱镁矿资源的综合利用率极低，且质量难以保证。此外，由于多年来片面追求经济效益，许多矿山企业选择性开采富矿，致使大量的中、低档品位矿石被废弃。如受特级菱镁矿石售价是三级矿的 5 倍左右的价格诱惑，致使矿山开采粗放，“采富弃贫”严重，使相对较低品位的矿石未能得到充分利用，造成资源极大浪费。近年来特级矿已十分罕见，一级矿紧缺，矿石质量滑坡导致镁砂的 MgO 含量平均下降 0.5%以上。

(2) 滥采问题严重，优质原料短缺。随着镁质耐火制品对原料的需求越来越高，使高品位原料供不应求，而低品位原料市场萎缩。由于高品位矿石的过度开采，使得优质资源供应紧张，致使优质矿石年均价格涨幅在 20%以上。从目前来看，菱镁矿资源的无序滥采已经带来了许多严重问题。在大多数情况下，我国的菱镁矿资源很难因其具有某种特殊的物理或化学性质而被认定为世界高品位的原料，或与世界其他主产国的原料相比具有独特性，致使我国的菱镁矿资源只具有价格优势。

(3) 废弃镁砂堆积，烧结工艺落后。由于镁砂竖窑生产只能使用块状矿石，大量粉矿得不到充分利用，在矿区堆积如山，废弃矿石堆积大量占地，其中很多都是优质矿石。据不完全统计，菱镁矿区废弃的有利用价值的矿石高达数千万吨，造成了严重的资源浪费、环境污染及生态破坏。还存在烧结镁砂工艺落后、原料利用率低、能耗高、烟（粉）尘治理难度大和环境污染严重等一些问题[9]。

1.1.5 烧结镁砂的品种

烧结镁砂所用的原料为有一定粒度要求的天然菱镁矿石或者经选矿提纯的菱镁石精矿粉。根据原料的烧结特性和对镁砂的技术要求的不同，镁砂的生产有一步煅烧和二步煅烧工艺。除普通镁砂、优质镁砂外，经常提到的还有高纯镁砂、大结晶镁砂、镁铁砂、镁钙砂、镁硅砂以及镁钙铁砂等，这些品种并不是截然分开的。

（1）普通镁砂的 MgO 含量通常为 85%~92%，颗粒体积密度不超过 3.00 g/cm^3，SiO_2 含量不超过 3.5%，Fe_2O_3 不超过 2.0%。其中的方镁石结晶 10~100 μm。

普通镁砂一般以菱镁矿为原料，由于杂质含量较多，多采用一步煅烧法工艺。

（2）优质镁砂的 MgO 含量通常为 96% ~ 98%，颗粒体积密度不低于 3.15 g/cm^3，SiO_2 含量不超过 1.5%。其中的方镁石结晶 20~120 μm。优质镁砂通常也以菱镁矿为原料，多采用一步煅烧法工艺。

（3）高纯镁砂是相对普通镁砂而言的。它经常用特级菱镁矿、菱镁石精矿粉或者海水 $Mg(OH)_2$ 经二步煅烧工艺制成。对高纯镁砂的质量要求是：MgO 含量不低于 98%，颗粒体积密度不低于 3.35 g/cm^3，CaO/SiO_2 比值应不小于 2，最好大于或等于 4，方镁石结晶不低于 120 μm。优质高纯镁砂标准见表 1-3。

表 1-3　GB/T 2273—2007 烧结镁砂技术指标对照表

技术指标	测试方法	MS98 要求	MS97 要求	MS96 要求
MgO 含量/%	化学分析法（GB/T 5069—2015）	≥98	≥97	≥96
CaO/SiO_2 质量比	化学分析法	≥2.0	≥1.8	≥1.5
灼烧减量/%	高温灼烧法	≤0.3	≤0.5	≤0.8
体积密度/(g · cm^{-3})	浸渍法（GB/T 2999—2016）	≥3.25	≥3.20	≥3.15
SiO_2 含量/%	化学分析法	≤1.0	≤1.2	≤1.5
CaO 含量/%	化学分析法	≤1.5	≤1.8	≤2.0
Fe_2O_3 含量/%	化学分析法	≤0.8	≤1.0	≤1.2
颗粒强度/N	压力试验法（5~10 mm 粒度）	≥50	≥45	≥40

1.2 菱镁矿选矿技术

菱镁矿选矿的目的是除去其有害杂质和提高矿石品级，主要解决硅酸盐脉石矿物与菱镁矿的分离问题。

菱镁矿选矿始于第二次世界大战之前，当时以手选为主。此后，重介质选矿、浮选、热选等[10]方法相继问世，世界部分国家菱镁矿选矿方法见表 1-4。

表 1-4 世界部分国家菱镁矿选矿方法

国家和地区	菱镁矿类型	选矿方法
澳大利亚	粗粒结晶的富铁菱镁矿	磁选与浮选
苏联和美国	粗粒结晶的富铁菱镁矿	重介质分选
中国和朝鲜	粗粒结晶的富铁菱镁矿	浮选
希腊	隐晶质低铁天然菱镁矿	光谱分选和强磁选
土耳其	隐晶质低铁天然菱镁矿	强磁选与磁选

菱镁矿选矿提纯的方法有多种，其中，浮选法和热选法已在我国成功地用于工业生产中，取得了良好的效果。

1.2.1 物理选矿

1.2.1.1 菱镁矿的热选

热选法的原理是利用菱镁矿等碳酸盐矿物与硅酸盐等矿物在热学性质上的差异，对矿石进行煅烧，造成矿物之间的密度差和硬度差，再经选择性破碎后利用简单的筛分、分级作业分离矿物。

H. MeLoughlin 在 500 ℃温度条件下，将含有 SiO_2 脉石的菱镁矿加热后放在水中急速冷却，并因 SiO_2 和 MgO 两者遇冷收缩的差异使物料碎裂，然后在搅拌机内由于矿粒互相摩擦而进一步解离，再用筛子筛出粗粒 SiO_2 后，将筛下部分磨细到-30 目，因为 SiO_2 和 MgO 体密度已分别为 2.2 g/cm^3 和 3~3.6 g/cm^3，差别较大，所以可以用水力分级机将它们分离。该工艺在 1917 年取得美国专利权。

1959 年，E. Bieneck 等提出了一种新工艺：在大于 575 ℃温度下猝然加热菱镁矿石，此时 β-石英急速转化为 α-石英，并随着晶形的剧烈转化，石英颗粒的体积也随之增大直至爆裂，使嵌布其中的菱镁矿颗粒解离出来，最后将粉状石英与粗粒菱镁矿分离即得到菱镁矿精矿。

近年来，我国应用热选法[11]也已取得良好效果。1979 年，海城镁矿将一级块矿在 7.8 m^2 反射窑内，在 1200~1300 ℃温度条件下煅烧 2 h，筛分后，粒度大于 5 mm 部分作为中矿，小于 5 mm 部分细磨后进行风力分级，分级粒度控制在 120 目时，可得 MgO 含量为 97.95%的镁砂，分级粒度为 80 μm 时，MgO 含量可超过 98%。

热选法处理镁菱矿有一定局限性，对矿物组成复杂和高钙型的矿石处理效果较差，一般将此法作为其他工艺的预处理或预富集作业。

1.2.1.2 菱镁矿的重选

重选主要是利用菱镁矿与杂质矿物间密度差异进行分选的一种方法。主要采用淘汰、摇床及重介质等一般选矿方法。由于菱镁矿与脉石矿物密度相近，所以直接用重选法处理菱镁矿选矿效果很差。但是将菱镁矿煅烧 30 min 后，希腊的 Frangiskos 等提出通过煅烧改变矿物密度后再重选的工艺[12]。所处理的矿石中，菱镁矿的体密度为 2.7~2.8 g/cm^3，脉石的体密度为 2.4~2.6 g/cm^3。矿石在 700~800 ℃温度条件下煅烧 30 min 后，菱镁矿体密度降低到 1.3~1.4 g/cm^3，脉石的体密度为 2.25 g/cm^3，在水中浸湿后，菱镁矿质量增加 25%~30%，体密度为 1.7~1.9 g/cm^3，脉石矿物也吸水 5%~10%，体密度稍有增加。因此，可采用干式或湿式重选法将两者分开。将煅烧矿破碎后，筛成+12 mm，-12~+8 mm，-8~+4 mm，-4~+2 mm 及-2 mm 五级粒级，将中间三个粒级的矿石分别用 BerryM-100 型风力摇床进行选别，所得轻产品再分别经磁铁除铁。其工业试验结果，得到除去烧减后 MgO 含量为 95.9%、SiO_2 1.59%、CaO 1.46%的精矿，菱镁矿总回收率为 90%。

1.2.2 化学选矿

1.2.2.1 菱镁矿的化学浸出

化学方法处理菱镁矿时，先将矿石煅烧，以提高其表面活性和增大溶解度，然后用盐酸或硝酸、硫酸、铵盐、碳酸氢盐等浸取剂进行浸取，再根据镁与杂质浸取程度的不同，采用不同办法将杂质沉淀分离出去，最后获得高纯 MgO 产品[13]。

为减少除杂过程，可以采用 SULZUR 工艺。该工艺过程中，将镁引入溶液中，置换杂质成为难溶固体，浸出液过滤分离即可。

在 SULZUR 方法中，菱镁矿能用氯化钙和二氧化碳选择性溶浸，且这两种介质只溶浸菱镁矿。为使溶浸过程活性化，对菱镁矿做如下煅烧：

$$MgCO_3 + CO_2 = MgO + CO_2$$

$$MgO + CO_2 + CaCl_2 = MgCl_2 + CaCO_3$$

$$MgCl_2 + 2NH_3 + CO_2 + 4H_2O = MgCO_3 \cdot 3H_2O + NH_4Cl$$

这种水菱镁矿作为被回收的物料，在烧结之前被干燥、煅烧和压制成块，流程图如图 1-1 所示。

Bumbalek 等提出一种改进的盐酸浸出新工艺，和常规盐酸法不同：一是煅烧料在溶解前先用工业用水洗涤而脱去碱土金属；二是用含 40%双-2-乙基磷酸的白精油溶液萃取已溶液的 Ca^{2+}离子。试验表明，可得到 MgO 含量大于 99.5%，MgO 总回收率 88.7%，而 CaO、SiO_2 等杂质含量小于 0.05%。该工艺与常规盐酸法相比，能耗降低 18.9%，投资减少 5%~10%。

易小祥等[14]采用碳化法处理巴盟菱镁矿，以煅烧制得的轻烧镁为原料，经

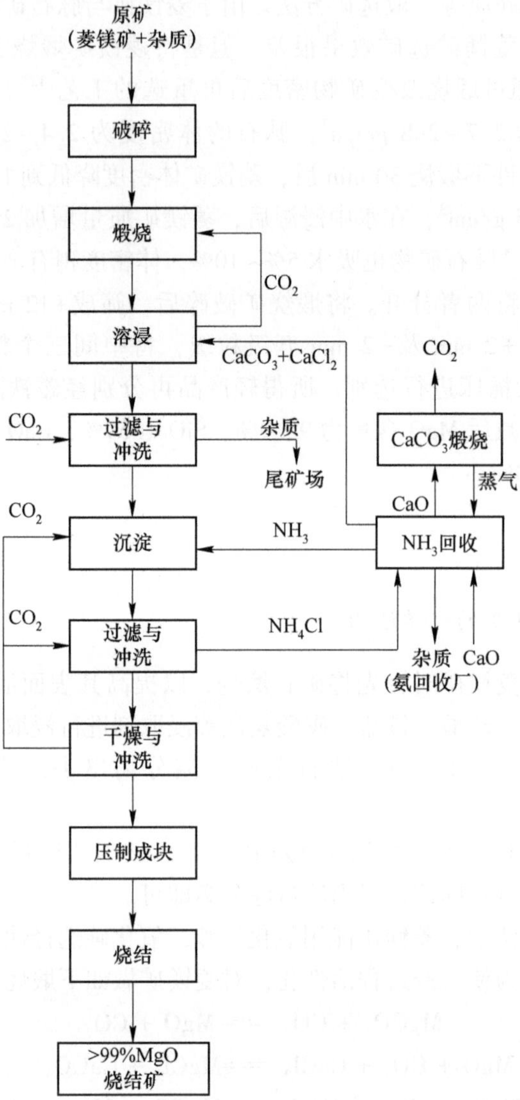

图 1-1　SULZUR 方法流程

消化、碳化、浸出和煅烧后，可获得 MgO 品位大于 99.41%的高纯活性产品，MgO 回收率达 61.34%。

1.2.2.2　菱镁矿的浮选

浮选是利用菱镁矿和硅酸盐矿物表面物理化学性质的差异来进行分选的方法。菱镁矿和硅酸盐矿物的浮选分离一般是交替使用反浮选和正浮选，即先用胺类捕收剂反浮选硅质矿物，然后用脂肪酸类捕收剂浮选菱镁矿[15-16]。菱镁矿通常与方解石、白云石、石英等矿物共生成矿，能够直接利用的高纯菱镁矿有限，多数矿石需经过加工才能利用，许多选矿工作者在石英[17-29]、硅酸盐矿物、碳酸盐矿物浮选理论与浮选药剂[30-36]方面进行了大量的研究工作，丰富了浮选理论。

针对辽宁某低品位菱镁矿，朱阳戈等[37]采用反-正浮选工艺进行了硅钙杂质脱除研究。其中，反浮选作业采用阳离子捕收剂 BK428，主要脱除含硅脉石；正浮选作业采用阴离子捕收剂 BK420，强化含钙脉石脱除，为综合利用菱镁矿资源打下基础。

辽宁某菱镁矿石主要有用矿物为菱镁矿，其次为石英和白云石。马金生等[38]（图 1-2）对该菱镁矿石进行反浮选脱硅试验，结果表明，在磨矿细度为 -0. 074 mm 占 100%，Na_2CO_3 用量为 1500 g/t，十二胺用量为 300 g/t，2 号油用量为 80 g/t 时粗选指标最佳。在最佳试验条件下采用一粗一精反浮选工艺流程处理该矿石，获得了 MgO 品位为 47. 42%，SiO_2 含量为 0. 24%的精矿。

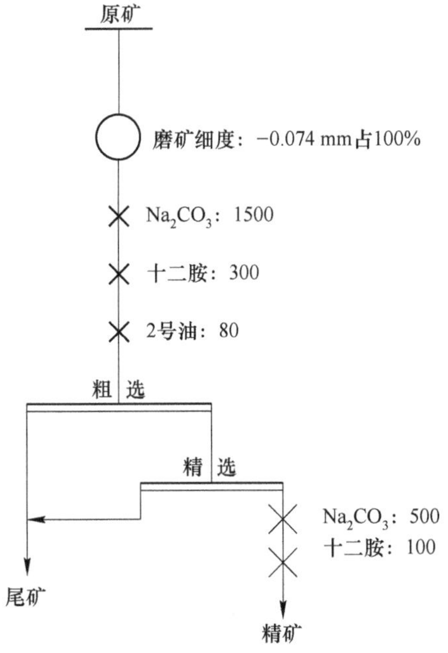

图 1-2 浮选脱硅试验流程（药剂用量单位：g/t）

相关学者等[39,41]对吉美地区菱镁矿进行了浮选提纯试验研究，采用一粗三精单一反浮选流程，以盐酸、六偏磷酸钠为调整剂，LKD 为捕收剂，可获得 MgO 品位为 97. 24%、SiO_2 含量为 0. 28%的菱镁矿产品。

李银文等[40]（图1-3）针对国内某地低品位菱镁矿的成矿特性和矿石工艺矿物学特性以及产品要求，提出了通过磁选除铁、反浮选脱硅、正浮选提镁的工艺。通过“一次磨细—磁选—反浮选—正浮选”流程的系统试验，获得了较好的技术指标。试验指标如下：特级品的菱镁矿粉（MgO≥47%）产率为69.11%，且MgO回收率达71.46%，达到具有工业价值和经济价值。

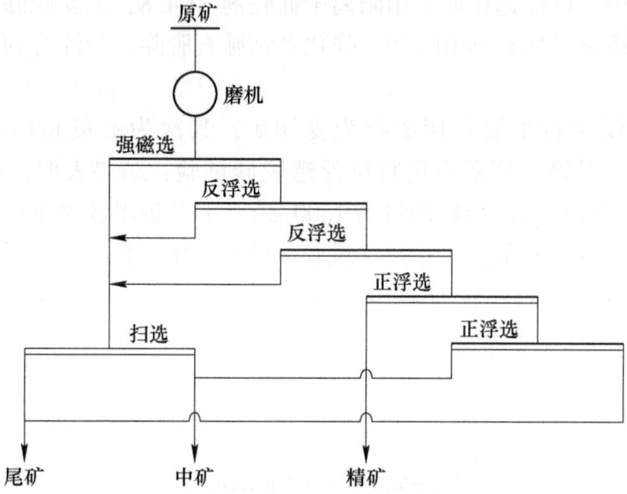

图1-3　全开路试验流程图

朱一民等[42]以大石桥废弃菱镁矿为原料，通过浮选条件试验，在磨矿细度为-0.074 mm占90%，矿浆pH值为8.5，羧甲基淀粉用量为100 g/t，十二胺用量为200 g/t的条件下，最终可以得到精矿MgO品位46.7%、MgO回收率85%的良好指标。

王玉斌等[43-44]选用合理的选矿流程、先进的选矿技术，提纯低品级耐火原料，综合利用现有资源，对菱镁矿浮选厂的工艺技术改造进行了试验研究，将二反一正脱硅浮选流程改为全反浮选流程，将反浮选扫选尾矿和尾矿分选后所得中矿返回再选，使浮选技术更先进，工艺更合理。

李洋[45]为了以较少的试验次数，准确、快捷地找到高硅菱镁矿的最佳浮选条件，运用多因素序贯试验法对菱镁矿浮选的试验方案进行了优化设计，并用数理统计的方法对试验数据进行了处理。

纪振明等[46]针对大石桥地区和海城地区的菱镁矿进行了初步浮选研究，并对菱镁矿和石英分离进行比较系统的研究，分别进行了单矿物试验和混合矿浮选试验，并进行了机理分析。得出了以下主要结论：通过测石英和菱镁矿的动电位以及红外光谱，推测十二胺在石英和菱镁矿表面是物理吸附，而油酸钠在菱镁矿表面是化学吸附。阳离子捕收剂十二胺在酸性条件下对菱镁矿和石英捕收性能不好，当到碱性条件后捕收菱镁矿回收率在60%左右，而石英的回收率为95%，有一定的浮游差。阴离子捕收剂油酸钠对两种单矿物的天然可浮性存在明显浮游差，但由于矿石中存在金属离子，难免离子活化了石英，直接用油酸钠浮选实际矿物并不能分离石英和菱镁矿。

姚金等[47]讨论了在油酸钠浮选体系中菱镁矿、蛇纹石以及石英的浮游特性，蛇纹石对菱镁矿可浮性的影响，不同粒级蛇纹石对不同粒级菱镁矿可浮性的影响，蛇纹石对菱镁矿和石英混合矿浮选的影响，并探讨了其机理。结果表明，不同粒级蛇纹石对不同粒级菱镁矿的影响不同，蛇纹石对菱镁矿的浮选起到很强的抑制作用，由矿物溶解组分图和扫描电镜分析可知，这主要是由于蛇纹石溶解性较强，溶解的离子具有较强的亲水性，并且易与菱镁矿表面暴露的 Mg^{2+}、O^{2-}结合，从而使菱镁矿表面亲水性增强，同时减少了菱镁矿表面离子与油酸钠的结合，从而对菱镁矿起到抑制作用。

姚金等[48]同时又研究了在油酸钠浮选体系中调整剂对 3 种矿物浮游性的影响，考察了白云石和石英对菱镁矿可浮性的影响，白云石对石英可浮性的影响以及白云石对菱镁矿和石英混合矿浮选的影响，并研究了其机理。结果表明，在油酸钠浮选体系中，菱镁矿和白云石浮游性相近，六偏磷酸钠和水玻璃对菱镁矿和白云石的可浮性有一定的抑制作用；3 种矿物会产生交互影响，白云石和石英会降低菱镁矿浮选回收率，而白云石会提高石英浮选回收率，其原因主要是矿物罩盖和矿物溶解。

王金良等[49]以石英和菱镁矿单矿物为试样，研究菱镁矿不同粒级对其可浮性的影响，考察调整剂 KD-1（含钙的盐类化合物）和苛化玉米淀粉对单矿物上浮率的影响。结果表明，随菱镁矿粒度的逐渐减小，上浮率增加，证明细粒菱镁矿的上浮主要由于泡沫的机械夹带作用；调整剂 KD-1 可以有效地降低泡沫的黏度以增加其流动性，因此有利于石英与菱镁矿的浮选分离；苛化玉米淀粉可很好地抑制细颗粒菱镁矿，而对石英的影响则较复杂。

王金良等[50]针对反浮选去除菱镁矿石中石英分离时效率较低的问题，以含钙的盐类化合物 KD-1 为调整剂，分别以实际矿石和单矿物为试样，研究了 KD-1 对分离过程的影响。结果表明，醚胺为捕收剂反浮选时添加 KD-1，可明显改善分离效果。在精矿中 SiO_2 含量不变的条件下，添加 1500 g/t KD-1，可使捕收剂用量下降 58%，精矿产率提高 4.24%。机理研究表明，KD-1 对石英与菱镁矿浮选分离的作用，主要是使泡沫变得均匀，且流动性增强，表面积增加。

李强等[51]通过对菱镁矿单矿物动电位的测试以及单矿物的浮选试验，研究了在油酸钠或十二胺体系下六偏磷酸钠、水玻璃以及多种金属离子对菱镁矿单矿物可浮性的影响。结果表明，在油酸钠或十二胺体系中，六偏磷酸钠、水玻璃对菱镁矿具有一定抑制作用，在弱碱性条件下水玻璃抑制作用强，随着 pH 值升高，抑制作用减弱；金属阳离子使菱镁矿等电点向碱性方向移动，三价离子大幅度提高电位，在油酸钠或十二胺体系中，金属离子的添加均会在一定程度上降低菱镁矿的回收率。

金属阳离子对盐类矿物浮选具有重要影响。宋振国等[52]通过浮选试验和动电位测试，研究了油酸钠浮选体系中五种金属阳离子（Fe^{2+}、Fe^{3+}、Cu^{2+}、Ca^{2+}和 Mg^{2+}）对常见碳酸盐矿物方解石和菱镁矿浮选行为的影响。动电位测试结果表明，五种金属离子都在方解石和菱镁矿表面发生了吸附，但其对方解石和菱镁矿浮选行为的影响不同：Fe^{2+}、Fe^{3+}对方解石和菱镁矿具有明显抑制作用，Cu^{2+}、Ca^{2+}和 Mg^{2+}对菱镁矿有一定活化作用，Mg^{2+}抑制了方解石浮选，而 Cu^{2+}和 Ca^{2+}对方解石浮选影响较小。

波特罗等[53]用 *Rhdococcus opacus* 菌（不透明红球菌，缩写为 *R. opacus* 菌）作为生物捕收剂，测定了 *R. opacus* 菌与方解石和菱镁矿作用前后的电泳迁移率，试验结果表明，*R. opacus* 菌在两种矿物表面上的附着使得矿物的 Zeta 电位曲线偏移，细菌附着试验结果证明，细菌对菱镁矿的亲和力比对方解石的亲和力要强。*R. opacus* 菌在这两种矿物表面上的吸附速率试验结果表明，细菌在这两种矿物表面上的吸附速度很快，5 min 后吸附量就达到最大值。细菌在这两种矿物表面上的吸附等温线具有朗格缪尔 L-Ⅱ类型特点。当 pH 值为 5.0 和 *R. opacus* 菌浓度为 100×10^6个/L 时，菱镁矿的浮选回收率为 100%；当 pH 值为 7.0 和 *R. opacus* 菌浓度为 220×10^6个/L 时，方解石的浮选回收率为 55%。根据所获得的附着试验结果解释了生物浮选结果。浮选研究结果表明，应用 *R. opacus* 菌作为生物捕收剂具有很大的潜力。

1.3 硅酸盐细菌研究现状

矿物生物技术被认为是综合应用生物、化学和矿物工程科学的原理，研究利用微生物在矿物加工、金属分离提取、废弃物污染处理利用过程中的作用与效果的现代技术。

矿物工程中微生物主要用来处理低品位矿石和矿业废弃物。微生物可以改变金属（或其他元素）的活动性，改变其在活动相或非活动相之间的分布。它的影响主要包括：

（1）微生物的金属堆积作用。微生物主动或被动金属堆积作用是金属转至非活动相的原因。

（2）微生物的金属转移作用。金属可被微生物从一种状态转化为另一种状态，如烷基取代作用或氧化-还原作用。

(3) 微生物产生影响金属活动性的物质，如微生物新陈代谢的副产物简单有机化合物或大分子腐殖酸或微生物渗出物络合有毒有害金属离子，变有毒有害作用为无毒无害作用。

(4) 嗜酸铁氧化细菌的作用。嗜酸铁氧化细菌（如氧化亚铁硫杆菌、氧化亚铁钩端螺杆菌等）能够氧化 Fe^{2+}或以还原态形式硫（如 H_2S、SO_2、$S_2O_3^{2-}$）以及金属硫化物来获得能源，影响许多金属的活动性。

由于生物技术能耗小、高效益、无污染，科技工作者对生物浸出、生物浮选、生物吸附、生物絮凝、生物积累以及选矿富集等方面进行了大量的研究[54-61]。微生物浸取铜矿、金矿、铀矿已得到应用，在铝土矿脱硅和煤炭脱硫中也取得巨大的应用前景。生物技术对于资源有效利用、环境治理与保护的重要性，促使生物技术由实验室阶段向工业应用迈进。

1.3.1 硅酸盐细菌及其形态学

硅酸盐细菌是指能够分解硅酸盐类矿物的细菌，主要包括环状芽孢杆菌（*bacillus circulans*）和胶质芽孢杆菌（*bacillus mucilaginosus*）。早在 1911—1912 年，Stoklasa 和 Bassaalik 就发现并分离了一种芽孢杆菌，用它可以分解正长石等硅酸盐矿物和磷灰石，1930 年，苏联学者 Alexandrov 从土壤中分离出一种细菌，能分解正长石和磷灰石而释放出磷钾，称为硅酸盐细菌[62-65]，在我国又被称为钾细菌。

亚历山大罗夫形态观察表明，培养在硅酸盐琼脂上的硅酸盐细菌是两端钝圆、体积很大的杆菌，长 4~7 μm，直径 1.2~1.4 μm，具大黏液荚膜幼年培养一昼夜的菌体，每一荚膜中可以有 2~4 个杆菌，以后每个杆菌在自己的周围分泌出单独的荚膜，第 3 天的培养中，每个杆菌很明显地为单独的荚膜所包围，在更老的培养中，细菌的细胞消失仅剩下一些空荚膜。硅酸盐细菌在硅酸盐琼脂上芽孢出现得很少，但在淀粉琼脂上培养，第 2 天就开始大量形成芽孢，且菌落形态也发生变化，菌落中央部分变混浊，混浊部分黏液的稠密度也发生变化，失去了特有的弹性和坚固性，芽孢形成时，杆菌的中央部分变粗，芽孢椭圆形，大小为（1.5~1.8）μm×(3.0~3.5）μm。在不含氮的硅酸盐琼脂上，硅酸盐细菌形成黏液状突起的透明的菌落。

1.3.2 硅酸盐细菌的应用

硅酸盐细菌是兼性好氧的化能异养细菌，能利用葡萄糖、淀粉等多种碳源，在无氮培养基上生长得很好[66-70]。它的生长适宜温度为 25~28 ℃；最适 pH 值为 7.0~7.2，低于 5.0 或高于 8.0 则受抑制。研究发现在硅酸盐细菌分解硅酸盐矿石及磷灰石过程中，不仅释放出磷离子和钾离子[71]，而且处理中离子态硅和铝也有所增加，还释放有其他的元素。

硅酸盐细菌分解矿石释放出可溶性钾和磷[72-73]，故被作为细菌肥料使用，相关研究也较多。Monib 等[74]接种硅酸盐细菌于正长石和云母培养基中证实了硅酸盐细菌可促进钾离子和硅离子的分解。刘晓璐等[75]从烟草根际土壤中筛选得到具有解钾能力的巨大芽孢杆菌。贾倩倩等[76]用硅酸盐细菌分解煤矸石中的磷和钾制备了煤矸石肥料。程帆等[77]研究了煤矸石粒度、pH 值、温度、接菌量、培养时间、干湿条件和振荡等条件对硅酸盐细菌分解高硫煤矸石的影响。结果表明，10.00 g 粒度为 200 目的煤矸石在硅酸盐细菌接种量为 $1.0\times10^{17}\sim1.5\times10^{17}$ cfu/g、体系 pH 值为 7.0~8.0、25~30 ℃的条件下培养 15 d，其有效磷、速效钾和有效硫的含量分别是原煤矸石的 7.18 倍、21.05 倍和 3.40 倍，有效钙和有效硅的含量分别是原煤矸石的 1.12 倍和 1.16 倍。蒋先军等[78-79]的研究表明，接种硅酸盐细菌发酵 10 d 后，以长石为钾源，钾量增加 35.7%，解钾效果明显。而且，此菌发酵过程中产生植物激素，促进作物生长，增强作物的抗高温或低温能力。Elizabeth 等[80]的研究表明，在以钾矿物粉和土壤为钾源时，接种硅酸盐细菌发酵后，其速效钾比对照分别增加 2.7%~40.5%和 1.6%~21.6%，并且释放出的钾全部来源于难溶性钾。罗薇等[81]的研究表明，硅酸盐细菌对不同矿物的解钾能力不同，炭渣最高，石骨子和绿豆岩次之，正长石最低，解钾量与不同矿物粉粒粒径大小呈明显负相关。连宾[82]的研究表明，在钾长石培养液中，未发现有钾离子的释放。Guo 等[83]的研究表明，硅酸盐细菌解钾相对量较高，但就绝对量而言，其作用非常有限。林启美等[84]的研究结果表明，对番茄接种硅酸盐细菌后，根基土壤硅酸盐细菌增加，番茄地上部分干物质增重 125%，钾含量增加 10%。李定旭[85]的研究表明，硅酸盐细菌接种后土壤速效钾含量提高。任丽丽等[86]从硅酸盐细菌解钾效果以及最适条件研究、解钾作用机理研究的问题与展望三个方面进行综述，提出进一步研究和应用的方向。王建萍等[87-88]对细菌的胞外产物对方解石的表面性质和溶蚀作用进行了研究。

硅酸盐细菌在铝土矿、锰矿和镍矿等矿石脱硅提高品位方面有较多的研究报道。周吉奎等[89-90]利用硅酸盐细菌将 SiO_2 含量 35%~38%的铝土矿中的硅含量降低至 19%；索洛日金等[91]将铝土矿用细菌处理 7 d 水浸得到 Al_2O_3 含量为 60%的铝土矿精矿；Kupriyanova 等[92]的研究表明硅酸盐细菌对高硅镍矿也有一定的脱硅效果；格劳德夫等[93]利用细菌脱除了锰矿中 40%的硅和 35%的磷；Vrvić 等[94]利用 3 株硅酸盐细菌从页岩中除 SiO_2，脱除率分别达到 21.4%、18.7%和 17.2%。硅酸盐细菌还可释放多种矿物中的 Ir、Be、As 等有价金属。Groudev 等[95]报道，不同的微生物浸滤水铝矿型铝土矿时，脱除 SiO_2 最佳的是硅酸盐细菌，它在 pH 值为 5.5~6.0，温度 30~35 ℃，固溶物含量为 0~15%，摇动速率保持在 300~400 r/min 时，Al_2O_3 含量可从 43.5%上升到 63.9%，SiO_2 含量从25.9%下降到9.1%；不宜用磁选和浮选的水铝矿类型铝土矿用硅酸盐细菌处理可选择性地溶解 $Al_2O_3 \cdot 2SiO_2 \cdot 2H_2O$，并使溶液中的Al浓度升到6.7%，在浓溶液中的Al萃取率达到93.3%。Andreev等[96]也有类似报道，含有 Al_2O_3 30.5%、SiO_2 35%~38%、FeO 1.3%、Fe_2O_3 2.3%、P_2O_5 0.3%、CaO 0.6%等铝硅酸盐矿经过硅酸盐细菌处理，Al_2O_3 含量提高46.9%，SiO_2 含量降为19.0%。用硅酸盐细菌处理铝土矿，再加上20% HCl处理，铝土矿（含 Fe_2O_3 1.5%~7.0%）中的 Fe_2O_3 残留量降为1.2%。该铝土矿被用于工业耐火材料。满李阳等[97]采用摇瓶浸出、分批搅拌浸出与连续浸出3种方式，研究3株“硅酸盐”细菌（胶质芽孢杆菌，*Bacillus mucilaginosus*，BMN；环状芽孢杆菌，*Bacillus circulans*，BCM；根瘤菌，*Rhizobium spp*，HJ07）对铝土矿中硅的单一浸出和混合浸出效果，并对浸矿过程中混合菌群落结构的动态变化进行分析。研究结果表明，混合菌对铝土矿中硅的浸出率高于单一菌对铝土矿中硅的浸出率；连续浸出方式的脱硅率最高，其次为搅拌浸出，摇瓶浸出的脱硅率最低，在铝土矿混合菌浸出前期，没有明显的优势菌种，而到中后期，*Bacillus mucilaginosus* 的比例则会上升，并最后取代 *Bacillus circulans* 和 *Rhizobium spp* 成为优势菌种。张贤珍等[98-99]选用一株硅酸盐细菌JG-02，观察该细菌分别在含高岭石、石英、铝土矿的培养基中的生长规律，监测培养过程中的理化参数以及浸出前、后固体矿样的表面变化，了解硅酸盐细菌对不同结构的硅酸盐矿物的作用。结果表明，该菌株在不同矿物环境中的生长规律基本一致，但细菌数量、产酸、产多糖的能力差别较大，菌株在含高岭石的培养基中生长较好，产酸、产多糖较多，浸出液中 SiO_2 含量最多（40.8 mg/L），而在含石英的培养基中产酸、产多糖较少，但红外结果显示试验菌株与高岭石、石英发生了相似的作用。因此，层状结构硅酸盐矿物比架状结构的更利于JG-02的生长。

硅酸盐细菌能分解矿物从中提取有价值的金属，如Ir、Li、Be、Ag、Mo等。Rusin等[100]通过硅酸盐细菌的生物还原作用从难熔氧化矿（如锰矿、针铁矿、赤铁矿等）中获得Ag、Mo等金属，替代了氰化物和酸性浸滤剂，Ag、Cu和Mo的回收率增加到86%~93%，生物浸滤效果更明显，加上生物浸滤对环境污染小，因此值得借鉴。Yakhontova等[101]利用硅酸盐细菌沥滤含有约50%的片钠铝石［$NaAl(CO_3)(OH)_2$］的高岭土，以滤取其中的Al，回收率最高可达33%。Ulberg等[102]发现，利用硅酸盐细菌可从石英岩中有选择地溶解其中的金属，他们证实并测定了从石英岩中优先溶解的为Na、Ca、Fe、Mg和Mn。Dyer等[103]报道，在实验室已证实，硅酸盐等一些细菌和真菌有从溶液中浓缩铱的能力，它还能溶解火成岩的铱；Karavaiko等[104-105]研究了硅酸盐细菌的作用，认为硅酸盐细菌是分解锂辉石（$LiAlSi_2O_6$）最有效的菌种之一，分解锂辉石可释放Li、Al、Si进入溶液。

硅酸盐细菌在浮选中的应用前景广阔，Solozhenkin 等[106]报道称，将 *B. mucilasinosus* 菌的培养液加入水玻璃中可增强水玻璃的抑制性，每毫升水玻璃中含 10^4 ~ 10^6 个细菌。Groudev 等[107]用 *B. mucilasinosus* 菌浮选 Au 含量 1.6 ~ 2.3 g/t 的金矿，金回收率比氰化法提高了 15% ~ 18%，可见 *B. mucilasinosus* 菌浮选 Au 前景诱人。索洛日金等用硅酸盐细菌处理了硅含量高达 70% ~ 75% 的贫银矿石，矿石经 1 ~ 5 d 处理，用 0.1% 碱溶液洗涤去掉细菌胶浆和硅酸凝胶后浮选银的回收率可明显提高 20% ~ 30%。

1.3.3 硅酸盐细菌的脱硅机理

有关硅酸盐细菌分解矿物脱硅机理一直不明确，主要有两种假说。一是以亚历山大罗夫为代表提出的细菌代谢出的有机酸（草酸和柠檬酸）与矿物作用，溶解了矿物；二是 Kenneth 提出的微生物直接黏附到矿石表面上，细菌产生的处于细胞外围的多糖物质、酶破坏了矿石的晶体结构或者表面物理化学接触交换与硅结合成络合物而脱硅。前者以 S. N. 格劳德夫的研究为依据，产酸能力越强、分泌黏液胶囊越大的菌种对铝硅酸盐的脱硅效果越好；后者研究发现细菌在代谢过程中很少产酸。两种说法相互矛盾，这可能是研究所采用的菌种类型不同的缘故。

对于硅酸盐细菌预处理提高矿物浮选回收率的机理的研究也有两种观点。代群威认为硅酸盐细菌可破坏矿物晶格，使脉石硅骨架解体，释放出银的阳离子而提高了银的浮选回收率。周吉奎则认为铝硅酸盐矿物存在时刺激细菌分泌出更多的胞外多糖，这些胞外多糖起到了生物浮选药剂的作用。

1.3.4 存在问题

目前，国内外学者对硅酸盐细菌脱硅及提取金属的机理认识还无定论，存在酸解、酶解、胞外多糖形成[108-110]等观点。随着现代分子生物学技术的不断发展，在深入研究其遗传性状的基础上，从基因水平去研究和探讨其机理，可望得到满意的结论。硅酸盐细菌对营养条件要求不高，世界各地分布也十分广泛。它来自土壤，甚至在岩石表面也有其行踪。我国地域辽阔、土壤类型众多、地貌复杂、作物品种多，所有这些都为硅酸盐细菌生物多样性的存在提供了广阔的空间。加强对其资源调查和生物多样性研究，不仅能丰富微生物资源库、基因库，为定向筛选高效稳定脱硅的优良菌株提供充足的菌源，也可为资源加工可持续发展作贡献。

矿物与微生物之间存在着复杂的相互作用，这种相互作用不仅体现在矿物能够为微生物生长提供必要的无机营养元素和生物无机质，更重要的是矿物界面具有独特的界面力学特性，能够显著影响离子、大分子、胶体以及生物残片在界面附近的分布和富集行为。这种微生物-矿物界面作用机制具有重要的实际应用价值，例如在生物冶金过程中金属的提取效率，以及生物脱硅工艺的效果，都与微生物在矿物表面的黏附行为密切相关。因此需要查明硅酸盐矿物微粒的活性结构态特征与细菌微生物可降解、转化的方式，以及两者之间吸收、溶解和稳定、沉淀成核的制约关系；查明硅酸盐矿物微粒激活细菌微生物新酶及原生酶促反应的活性与变异和细菌微生物代谢产物对惰性矿物微粒的微生物活化。较难解决的问题是，矿物元素离子进入微生物的部位与形式、营养作用及固定作用，阐明矿物溶液中离子和生物离子聚集的关系与关键控制因素；矿物与硅酸盐细菌分泌物的作用产物的界定与抑制。除基础理论研究有待深化外，对硅酸盐细菌脱硅及提取金属的应用研究还有许多问题尚未解决，理论成果转化为现实生产力还需时日。

菱镁矿是中国主要的矿产资源之一。近年来，高品位菱镁矿石消耗殆尽，而低品位菱镁矿石由于存在杂质矿物，需要加工后才能被利用。浮选是一种常用的菱镁矿脱硅方法，使用十二烷基胺作为捕收剂的反浮选已被证明是实现菱镁矿和石英分离的有效方法。

生物选矿是一种利用微生物作为表面改性剂通过浮选来增强一种矿物与另一种矿物的分离的过程[111-113]。微生物脱硅技术因其选择性强、无环境浸染和经济性日益成为研究的热点，特别是硅酸盐细菌在矿物脱硅领域已取得诸多研究成果，如硅酸盐细菌被用来脱除铝土矿、镍矿和软锰矿中的硅。一些微生物对矿物泡沫浮选具有选择性活化或抑制作用[114]。研究表明，微生物预处理与浮选脱硅是通过利用微生物及其代谢产物对不同含硅矿物吸附性与吸附量的差异来选择性溶解矿物或改变矿物表面的亲疏水性以实现脱硅目的的，但二者脱除含硅矿物具有优先性和选择性[115-117]。然而，硅酸盐细菌和金属提取脱硅的机制尚不清楚；提出的机制包括酸水解、酶水解和细胞外多糖的形成。

一直以来，微生物脱硅体系中预处理与浮选分别脱除含硅矿物的种类及二者协同作用方面的研究很少，大量的研究只是关注单一预处理或浮选的效果及其机理。如通过研究微生物预处理与浮选可脱除菱镁矿中含硅矿物及其脱硅机理，特别是找到有效脱除菱镁矿中硅酸盐矿物的微生物，就能促进微生物脱硅技术在菱镁矿提质方面的应用。其次，浮选尾矿中镁资源的浪费也很严重，对其进行回收利用，具有很高的研究价值。

1.4 活性氧化镁

活性氧化镁是一种新型的功能精细无机材料，其活性主要是指在特定试验条件下参与化学或物化反应的能力。在化学组成、物理形态等方面，活性氧化镁与普通氧化镁没有太大的差别，但要求微观形态为平均粒径小于 2 μm 的近球形颗粒或片状晶体[118]。由于超微粒子的粒径较小，而往往在磁、光、电、声、热及敏感度等方面表现出常规材料所不具备的特殊性质，因此作为一种新型材料而被广泛应用[119-120]。

1.4.1　活性氧化镁的应用

随着国民经济及科学技术的发展，活性氧化镁作为镁系产品的主要品种之一，因其性能好，应用越来越广泛，用量也与日俱增[121]。

（1）在橡胶胶黏剂中的应用。橡胶胶黏剂是以橡胶或弹性体为主体材料，添加一些配合剂制成的，活性氧化镁可作为配合剂中的助剂使用。由于活性氧化镁大比表面积、高活性等特点，可提高胶黏剂的初黏力、黏合强度，改善其透明性，并且最大程度防止胶黏剂的分层沉淀。

（2）合成氧化镁晶须。以活性氧化镁为原料，还可以制备得到氧化镁晶须。晶须是指细小的纤维状单晶体，其长径比越大，结晶的缺陷越小，螺旋转移就会发生扭曲，弹性界限就会降低，故具有很高的强度，很适合做各种复合材料的补强材料。

（3）在饮用水中的应用。关于饮用水和地下水质量的国标中均规定，饮用水中氟化物适宜浓度为0.5~1.0 mg/L，若氟化物含量超过110 mg/L，则为高氟水，需要在饮用前进行降氟处理，否则长期饮用会导致氟斑牙和氟骨症，严重的将影响中枢神经的正常活动。活性氧化镁因吸附性能好、处理成本低、处理周期较长、出水量大、再生成本低、除氟效果较好，而被广泛选作除氟吸附剂。

（4）其他应用。活性氧化镁还可用作塑料、油漆和纸张的填料；医药上作为抗酸剂和缓泻剂，用于胃酸过多和十二指肠溃疡病；也可作为陶瓷、玻璃、高级保温材料及氧化镁水泥等原料。此外，活性氧化镁的比表面积大，还可广泛用于制备高功能精细无机材料、电子元件、高级陶瓷材料、化妆品、油墨、有害气体吸附剂、催化剂载体等领域。

1.4.2　活性氧化镁的制备方法

与其他粉体材料一样，活性氧化镁的制备方法很多，可细分为液相法、固相法、气相法，碳酸化法，酸解法，微波辐射法等。其中，直接沉淀-煅烧法因操作简便，原料易得，生产成本低，产物的浓度较高，更易于实现工业化[115-116]。

我国西北多地都有已建成投产或正在建设的大型钾肥生产基地，在生产过程中将副产大量的老卤或卤水（富含氯化镁）。这些副产物色泽浅，氯化镁含量高，几乎不含其他杂质，是极其优质的镁资源，特别适合制备氧化镁等镁系产品。因此，以卤水为原料采用沉淀法制备活性氧化镁的研究报道也较多。

西北地区离内地较远，若在钾肥生产基地附近就近生产活性氧化镁，原料运输距离遥远。若采用氨水为沉淀剂，氨水运输更为不便且易污染环境，故可选用氢氧化钠为沉淀剂，通过加入分散剂，通过控制反应过程的滴加速度、反应温度、搅拌速度等，防止反应过程中出现团聚现象，生成纳米片状氢氧化镁，然后再煅烧生产活性氧化镁[122]。

1.4.3 活性氧化镁现状

目前，活性氧化镁主要作为氯丁橡胶及氟橡胶的促进剂与活化剂，胶黏剂、塑料、油漆和纸张的填料，医药上的抗酸剂和缓泻剂，也可作为陶瓷、玻璃、高级保温材料及水泥等的原料。随着胶黏剂和密封材料的发展，活性氧化镁的市场需求日益增大。权威方面估计，目前的市场需求在10万吨以上。

我国西北地区钾肥基地副产的卤水色泽浅，氯化镁含量高，几乎不含钙、铁、锰、铝等杂质，是极其优质的镁资源，特别适合制备高质量的氢氧化镁和氧化镁产品。下一阶段计划利用卤水对生产活性氧化镁的工艺进行研究，制备出具有高活性的氧化镁，以利于大大提高罗布泊钾盐矿的资源利用率，更好地将资源优势转化为经济优势。

1.5 本章小结

针对我国辽宁营口大石桥地区低品位复杂菱镁矿大量堆存的现状，研究节能环保、矿物整体利用的新工艺，重点研究低品位菱镁矿微生物预处理再浮选、浮选尾矿资源化综合利用制备硫酸镁的工艺技术，使镁资源综合回收利用。

（1）确定适合低品位菱镁矿反浮选脱硅的药剂制度，使精矿 SiO_2 品位不超过2.50%，MgO的品位不低于45.50%，回收率不低于70%；

（2）从土壤与低品位菱镁矿中筛选出适合菱镁矿生物预处理反浮选脱硅高效稳定的硅酸盐细菌；

（3）考查硅酸盐细菌预处理对低品位菱镁矿反浮选的影响，建立硅酸盐细菌预处理反浮选脱除菱镁矿中含硅矿物的方法，使得精矿 SiO_2 品位不超过1.50%，MgO的品位不低于46.00%，回收率不低于65%，使其符合烧结镁砂MS93A标准；

（4）阐明硅酸盐细菌预处理对低品位菱镁矿反浮选脱硅作用的机理，为低品位菱镁矿石中硅脱除技术奠定基础。

本书的主要研究内容为：

（1）菱镁矿石反浮选脱硅行为研究：分别以十二胺、十二烷基磺酸钠为捕收药剂，考察矿浆pH值、调整剂用量等因素对石英和菱镁矿石浮选行为的影响。

（2）菱镁矿石微生物预处理反浮选脱硅研究：以土壤为分离源，进行硅酸盐细菌菌株的筛选分离、培养和鉴定，考察硅酸盐细菌的生长条件，优化培养工艺，获得稳定、高效的脱硅硅酸盐细菌。在此基础上，考察筛选菌株预处理对菱镁矿石的反浮选脱硅的影响，探究硅酸盐细菌预处理菱镁矿石及浮选方式，确定最佳的菱镁矿石微生物预处理反浮选脱硅方式。

（3）菱镁矿石硅酸盐细菌预处理反浮选脱硅机理，采用 X 射线衍射、红外光谱、扫描电镜、EDS 能谱对硅酸盐细菌预处理反浮选精矿分析，研究不同预处理时间矿物表面的变化；通过考察预处理矿浆 pH 值与 Si 含量的变化、Zeta 电位及石英在细菌悬浊液中的浊度变化，确定石英硅酸盐细菌对石英的溶蚀与分散作用。

（4）分子模拟计算，菱镁矿和石英的建模和优化，十二胺分子以及阳离子的建模与优化，模拟计算药剂在矿物表面的吸附，对矿物表面势能和矿物亲疏水性进行分析。

（5）尾矿制备硫酸镁，考察硫酸浓度和用量、反应温度、反应时间以及液固比对浮选尾矿中镁离子浸出率的影响，探索各因素对镁浸出行为的影响规律，并对其浸出过程进行动力学分析。

2 材料和方法

2.1 试验矿样

试验中所用的矿样包括菱镁矿石与石英。菱镁矿石取自辽宁营口大石桥市，菱镁矿石块矿经破碎、筛分至-2 mm 后混匀，缩分，装袋；石英为国药集团化学试剂有限公司所产分析纯石英砂，用钢锤锤碎至 2 mm 以下，然后经氧化锆球磨机磨细至 - 0.074 mm。- 0.074 ~ + 0.032 mm 粒级石英砂用于浮选试验，-0.032 mm 粒级石英砂用于红外、吸附等机理分析试验。磨细的石英均经去离子水多次洗涤晾干，储藏于磨口瓶中备用。石英经 X 射线衍射和化学分析，纯度均达到要求。其 XRD 分析结果如图 2-1 所示，石英纯度为 99.8%。

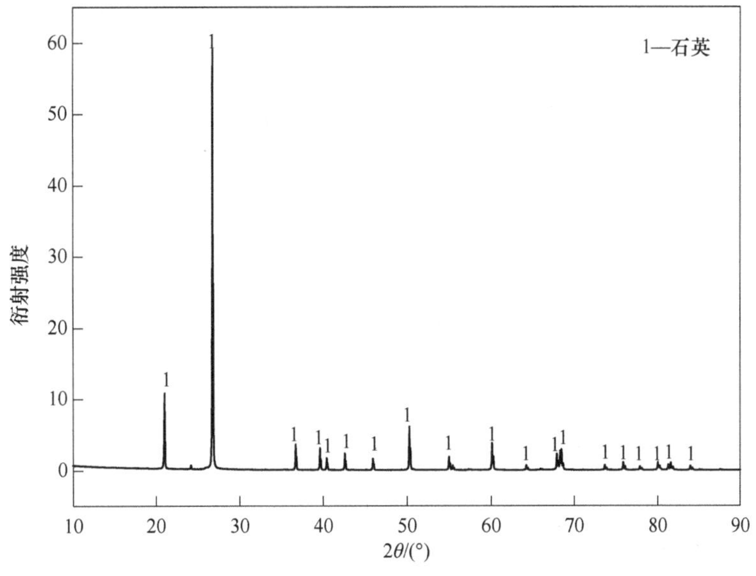

图 2-1 石英 X 射线衍射分析图谱

2.1.1 化学多元素分析

低品位菱镁矿石化学多元素分析如表 2-1 所示。该矿样氧化镁品位为

42.89%，硅、钙含量较高，为主要脉石所含元素，其次含有少量的 Fe_2O_3 和 Al_2O_3。

表 2-1　低品位菱镁矿石化学多元素分析结果　（%）

元素	MgO	SiO_2	CaO	Fe_2O_3	Al_2O_3	K_2O
含量	42.89	5.36	2.16	1.83	1.61	0.15
元素	SO_3	P_2O_5	MnO	TiO_2	CO_2	其他
含量	0.11	0.11	0.10	0.06	45.48	0.14

低品位菱镁矿石 X 射线衍射分析结果如图 2-2 所示，结果表明，该矿石中主要矿物为菱镁矿、石英、方解石以及白云石。

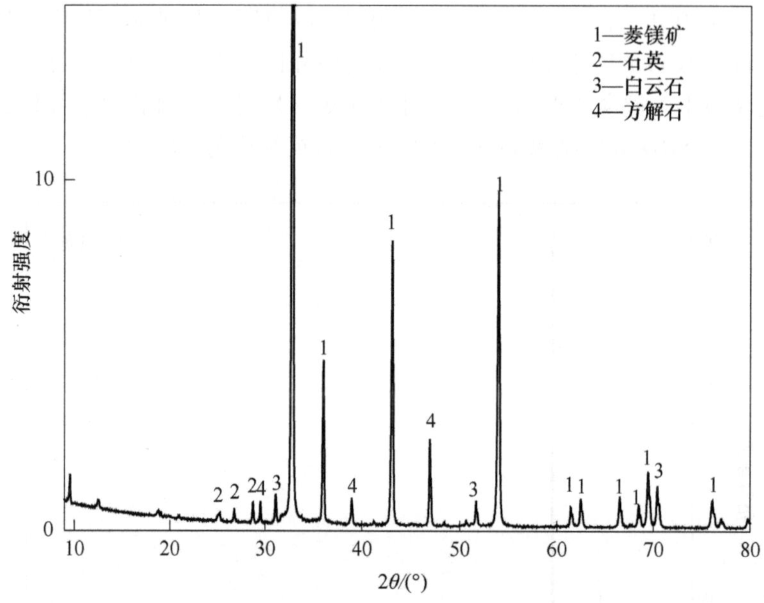

图 2-2　低品位菱镁矿石 X 射线衍射分析图谱

2.1.2　矿物组成

采用扫描电镜观察低品位菱镁矿石试样的显微结构，结合 EDS 能谱对矿物进行分析，以此确定低品位菱镁矿石中有用矿物的结构及其与脉石矿物之间的嵌布关系，菱镁矿石 SEM 图及对应的 EDS 能谱如图 2-3 所示，EDS 分析结果见表 2-2。

扫描电镜分析结合显微镜鉴定表明，菱镁矿石中的主要矿物为菱镁矿、石英、方解石。含硅矿物主要以石英形式存在，钙主要以方解石形式存在，少部分以类质同象取代菱镁矿中的镁形成白云石。菱镁矿石中主要矿物菱镁矿的典型能谱如图 2-3（a）中的 3 所示，从图 2-3（a）中可以看出，菱镁矿石中存在碳酸镁颗粒。从图 2-3（a）和（b）中可以看出，该矿物中除含 Mg、C、O 等主要元素外，还含有少量的 Si、Al 和 Ca。

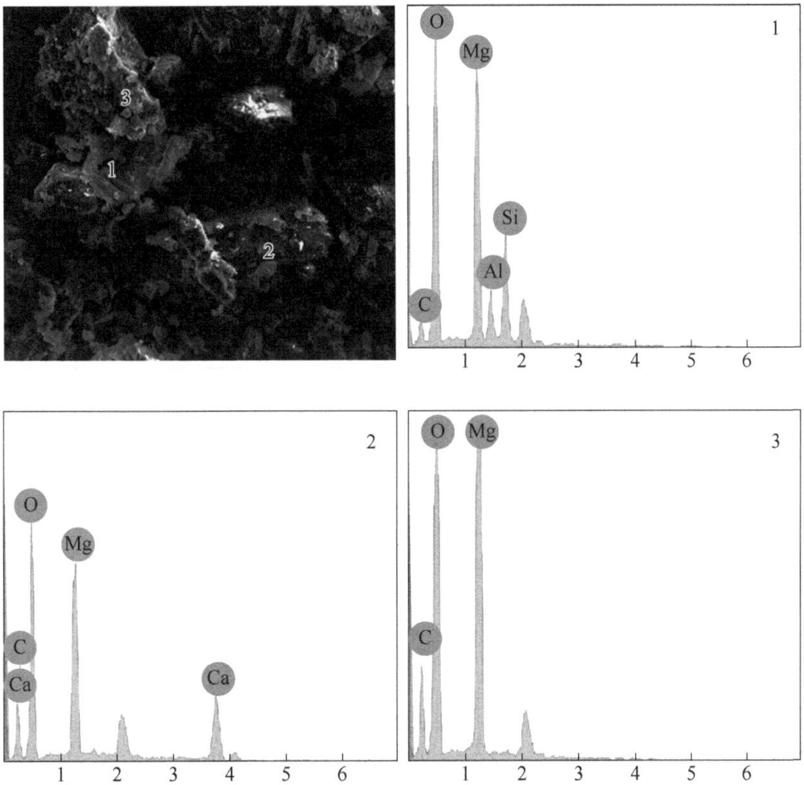

(a)

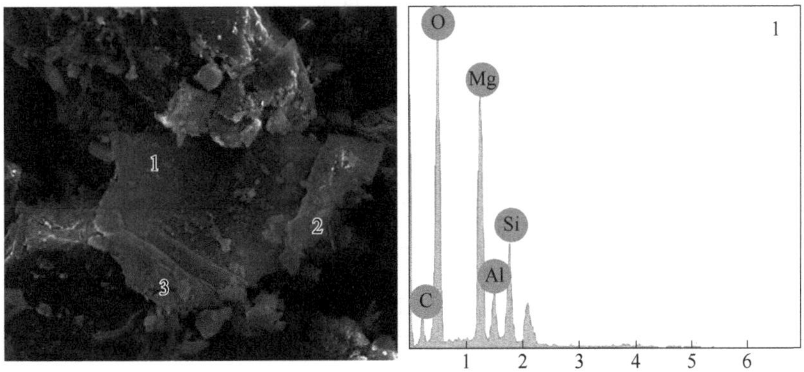

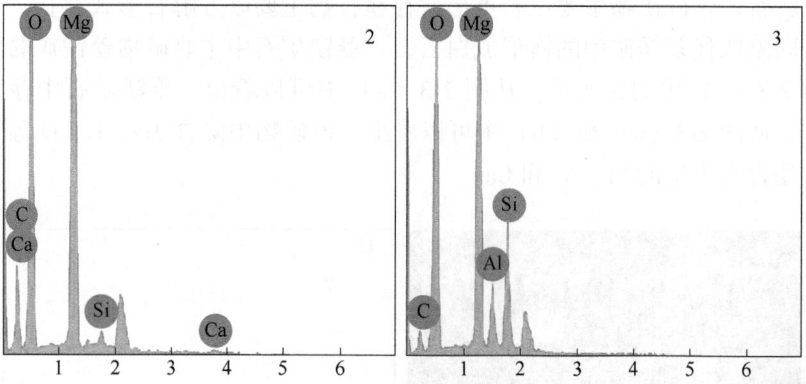

(b)

扫码看彩图

图 2-3　菱镁矿石扫描电镜与能谱图

表 2-2　菱镁矿石能谱图分析结果

元素	含量/%	元素	含量/%	元素	含量/%
a-1		a-2		a-3	
C	15.25	C	8.19	C	14.92
O	56.04	O	53.41	O	56.83
Mg	28.71	Mg	21.33	Mg	25.75
		Al	5.28	Si	1.38
		Si	11.79	Ca	1.12
总计	100.00	总计	100.00	总计	100.00
元素	含量/%	元素	含量/%	元素	含量/%
b-1		b-2		b-3	
C	8.19	C	14.92	C	6.18
O	53.41	O	56.83	O	52.98
Mg	21.33	Mg	25.75	Mg	22.70
Al	5.28	Si	1.38	Al	5.32
Si	11.79	Ca	1.12	Si	12.81
总计	100.00	总计	100.00	总计	100.00

图 2-4 为菱镁矿石偏光显微镜图，由图 2-4 可知，菱镁矿石中石英嵌布状态比较复杂，部分以中等粒度呈脉状充填于菱镁矿裂隙中。由于成矿作用，常见有后期热液活动交代菱镁矿形成的含镁硅酸盐矿物。此外，还有部分细粒石英以包

裹体的形式嵌生于菱镁矿中，这部分细粒石英很难充分解离，采用机械选别工艺对二者进行分离时，镁的回收率、品位难以有效提高，属难选矿石。

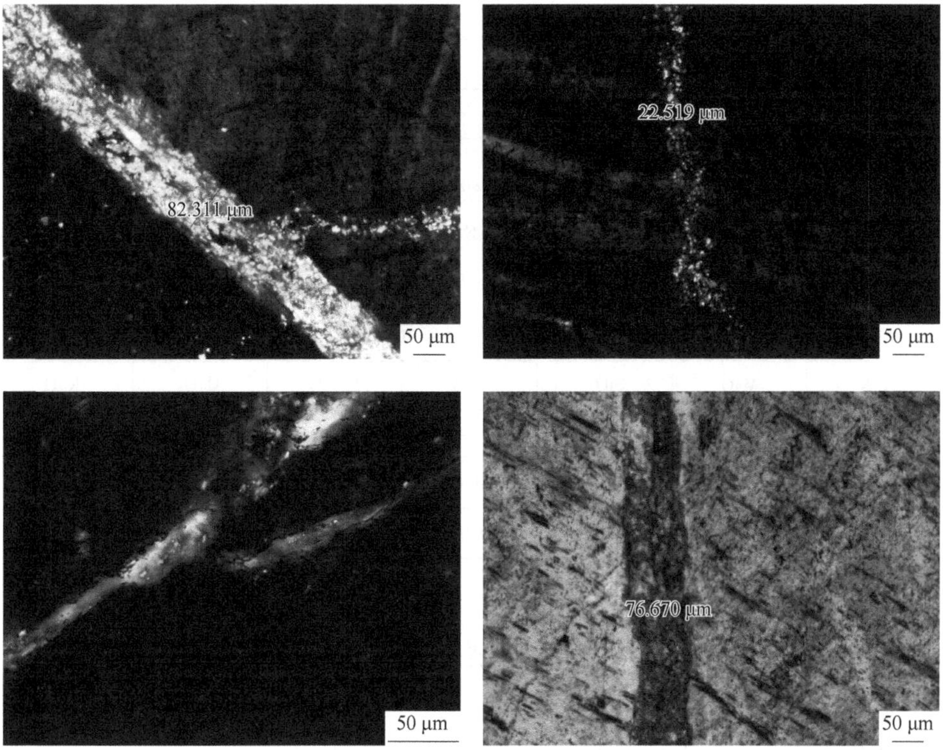

图 2-4 菱镁矿石偏光显微镜图

扫码看彩图

菱镁矿石含有较多的石英和方解石杂质，硅、钙含量都大于 2%，其中 SiO_2 含量高达 5.36%。从目前研究来看，菱镁矿矿物本身含有一定量的钙，同时一部分钙以类质同象形式存在于菱镁矿中，通过浮选降低菱镁矿精矿中钙的含量存在较大难度。因此，研究的主要目的为菱镁矿石脱硅提质。

2.1.3 粒度筛析

菱镁矿石经粒度筛析试验所得结果见表 2-3。

表 2-3 菱镁矿石粒度筛析结果

粒级/mm	产率/%	MgO 含量/%	SiO_2 含量/%
+0.150	2.68	37.41	10.54
−0.150～+0.074	12.67	35.43	11.00

续表 2-3

粒级/mm	产率/%	MgO 含量/%	SiO_2 含量/%
-0.074~+0.045	7.96	42.50	6.52
-0.045~+0.037	5.51	45.40	2.11
-0.037~0	71.19	44.27	4.28

从表 2-3 可看出该试验矿样细粒级占比大，-0.074 mm 粒级分布较广，-0.074 mm 占 84.65%，且+0.074 mm 矿物中石英含量较高，所以选择-0.074 mm 的矿物进行浮选试验。浮选试样的化学多元素分析结果如表 2-4 所示。

表 2-4　浮选试样化学多元素分析结果　(%)

元素	MgO	SiO_2	CaO	Fe_2O_3	Al_2O_3	K_2O
含量	44.18	4.35	1.70	1.10	0.81	0.18
元素	SO_3	P_2O_5	MnO	TiO_2	CO_2	其他
含量	0.10	0.07	0.09	0.06	47.26	0.10

2.2　试验药剂

单矿物和实际矿石浮选试验所用试剂如表 2-5 所示。

表 2-5　浮选试验所用试剂

药剂种类	药剂名称	化学式	规格	生产厂家
捕收剂	十二胺	$C_{12}H_{27}N$	化学纯	国药集团化学试剂有限公司
	十二烷基磺酸钠	$C_{12}H_{25}NaO_3S$	化学纯	国药集团化学试剂有限公司
pH 调整剂	盐酸	HCl	分析纯	北京化工厂
	碳酸钠	Na_2CO_3	分析纯	天津永大化学试剂开发中心

硅酸盐细菌培养基所用试剂如表 2-6 所示。

表 2-6　硅酸盐细菌培养基

药剂名称	化学式	规格	生产厂家
蔗糖	$C_{12}H_{22}O_{11}$	化学纯	北京化学试剂厂
高岭土	$Al_2O_3 \cdot 2SiO_2 \cdot 2H_2O$	分析纯	上海陆都化学试剂公司

续表 2-6

药剂名称	化学式	规格	生产厂家
磷酸氢二钠	$Na_2HPO_4 \cdot 12H_2O$	分析纯	北京新光化学试剂厂
七水硫酸镁	$MgSO_4 \cdot 7H_2O$	分析纯	西陇化工股份有限公司
三氯化铁	$FeCl_3 \cdot 6H_2O$	分析纯	西陇化工股份有限公司
碳酸钙	$CaCO_3$	分析纯	西陇化工股份有限公司
琼脂	$(C_{12}H_{18}O_9)_n$	生化试剂	北京奥博星生物技术公司

2.3 试验仪器

试验过程中所用仪器设备和型号如表 2-7 所示。

表 2-7 试验中所用仪器与设备

设备名称	设备型号	生产厂家
颚式破碎机	PE100×60	江西正东矿山机械制造有限公司
磨矿机	XMB-70 三辊四筒	武汉探矿机械厂
单槽浮选机	XFD	武汉探矿机械厂
pH 计	PHS-2F	雷磁
过滤机	XTLZ-ϕ260/ϕ200	武汉探矿机械厂
电热恒温干燥箱	101-4A	上海特成机械设备公司
紫外分光光谱仪	UV-1750	岛津
超声波清洗器	SH-50	济宁双和超声设备公司
高速台式离心机	TDL-4	上海精密仪器公司
电子分析天平	MP1002	上海精密仪器公司
红外光谱仪	ALPHA	BRUKER
扫描电子显微镜	S440i	德国 LEICA
X 射线电子能谱仪	MXP21VAHF	日本玛珂科学仪器公司
生化培养箱	SPX-150	永光明医疗仪器厂
高压蒸汽灭菌锅	YX-280D	北京凯宏伟业科技公司
集热式恒温磁力搅拌器	DF-101S	巩义市英峪仪器厂

2.4　试验方法

2.4.1　矿物浮选试验

首先进行实际矿石选矿提纯，寻找硅镁分离的高效药剂及其组合和分选条件，确定最佳浮选工艺流程。其次进行单矿物浮选试验，分析浮选机理。

实际矿石浮选试验在 XFD 型挂槽式浮选机中进行，控制浮选机转速为 2000 r/min。称取矿物 100 g 放入 0.5 L 的浮选槽内，加去离子水，调浆之后调节 pH 值，然后添加抑制剂，搅拌 3 min；添加捕收剂，搅拌 3 min，加起泡剂搅拌 1 min，最后刮泡 5 min。所获得的泡沫产品和槽内矿物经过滤、烘干、称重，通过化学分析测得 Mg 品位并计算出 Mg 的回收率。

单矿物浮选试验在 RK/FGC 挂槽机械搅拌式浮选机中进行，主机转速为 1750 r/min，取 2 g 矿样于 30 mL 浮选槽中，加 30 mL 去离子水，搅拌 2 min，再依次加入 pH 调整剂搅拌 2 min，加入抑制剂搅拌 2 min，加捕收剂搅拌 2 min，加起泡剂 2 号油搅拌 1 min，刮泡 4 min。

2.4.2　微生物的筛选与驯化

取土样 5 g，加入 95 mL 灭菌蒸馏水中，并加玻璃珠。于摇床中 37 ℃，150 r/min 振荡 1 h，静置 30 min。上清液逐级稀释涂亚历山大洛夫培养基平板，于 30 ℃恒温培养箱培养 24 h 后观察菌落生长状态。挑取典型的硅酸盐细菌单菌落（透明或半透明，挑起拉丝），在平板固体培养基上画线后继续培养，重复 2~3 次，显微镜下观察细菌形态大小基本一致，可认为该菌已经纯化。

2.4.3　细菌预处理菱镁矿石

本部分试验将从温度、接种量、摇床转速及浸矿时间等因素来优化细菌预处理菱镁矿石反浮选脱硅的工艺。细菌摇瓶预处理工艺：矿样的预处理脱硅试验在 250 mL 的锥型瓶中进行，加入 50 g 矿样，100 mL 的液体培养基，10%的接种量在浸出液中接种对数生长期的硅酸盐细菌，转速 200 rpm，30 ℃培养 7 d。

硅酸盐细菌预处理试验结束后，从液体培养基中过滤分离出菱镁矿石，并对其进行反浮选脱硅试验，对精矿和尾矿进行分析。

2.4.4　尾矿酸浸试验

称取一定质量的尾矿于容积为 200 mL 的三角烧瓶中，并置于集热式恒温磁力搅拌器上，按一定液固比加入硫酸溶液，搅拌反应一段时间后，将矿浆快速固液分离，分析酸浸液和残渣的化学成分，计算 MgO 浸出率。

2.4.5 机理研究检测方法

2.4.5.1 XRD 和扫描电镜分析

用 X 射线粉晶衍射（XRD）和扫描电子显微镜及能谱分析（SEM-EDS）进行机理研究。XRD 分析和扫描电子显微镜分析所需样品制备如下：将在振动磨样机磨细的菱镁矿石粉末或经硅酸盐细菌预处理后的菱镁矿石分成两部分，一部分制取粉末样品，进行 XRD 分析，研究矿物晶体结构与组成；一部分制取磨片并喷碳，用扫描电镜（SEM）及能谱分析（EDS）观察其微观结构及成分分布。

用日本理学 DMAX-RD 型 X 射线衍射仪进行物相分析。测试条件为：铜靶，$\lambda=0.15406$ nm，工作电流 150 mA，工作电压 40 kV，扫描角度为 10°~90°，步长为 0.02°，扫描速度 5°/min，常温下进行。衍射数据采用 MDI Jade 6.5 软件进行物相分析。

菱镁矿石扫描电镜样品前处理步骤如下：

（1）收集菌体：取菱镁矿石细菌预处理培养液，转速 8000 rpm，离心 3~5 min，弃上清，倒入 2.5%戊二醛固定液。

（2）固定，脱水：加入 2.5%戊二醛，2~4 h 后用磷酸缓冲液清洗 3 次，加入 1%的锇酸 4~6 h 后用缓冲液清洗 3 次，再由乙醇梯度脱水，30%、50%、70%、85%、95%各一次，100%乙醇 2 次，15~20 min/次，最后用乙酸异戊酯置换 2 次，20 min/次（每步均需 8000 rpm 离心 3~5 min，弃上清，倒入下一种试剂，滴管来回吸几下，打散菌块）。

（3）临界点干燥：普通定性滤纸裁成 35 mm×18 mm 的纸条，将长边 35 mm 平均分成 3 份，对折成小纸包，用订书器将一端钉牢，成小口袋状。将离心浓缩后的菌液滴入小纸包，立即用订书器将另一端钉牢。放入临界点干燥器样品室，进行 CO_2 临界点干燥。

（4）离子溅射金：沿两端书钉剪开滤纸包，将干燥后粉末状纯菌体倒入平皿，轻摇尽量分散菌体。碳导电胶带一面粘在 1/4 盖玻片上，另一面倒扣轻压在菌体粉末上，翻正后用镊子或牙签将菌体轻轻刮薄铺平。离子溅射金后，即可进行扫描电镜观察。

2.4.5.2 红外光谱测定（FTIR）

矿物、药剂及矿物与药剂、矿物与细菌作用前后的红外光谱在布鲁克红外光谱仪上用透射法测定。与药剂作用矿样的制作和测试方法为：在浮选槽内按照试验条件加入矿物和各种药剂，每次搅拌相应的时间后将矿样取出，真空抽滤，在室温下自然风干。测量时，取少量矿物与溴化钾混合均匀（样品与 KBr 的混合比例约为 1 ∶ 100），用玛瑙研钵研磨。然后用磨具制作压片，进行测试。

2.4.5.3　菱镁矿石中钙镁测定

采用 EDTA 络合滴定法测定浸渣中钙镁含量，符合准确和快速分析的要求。分析步骤：称取 0.2000 g 试样于铂皿中，以少量水润湿，加入一定量的硝酸、氢氟酸和硫酸，加热溶解并蒸至白烟冒尽，冷却，加 5 mL 盐酸，加热溶解，洗入烧杯中。加 5 g 氯化铵，加热至沸，用 500 g/L 氢氧化钾溶液中和至 pH 值为 7.2 左右。干过滤，弃去最初 15 mL 滤液，吸取两份 25 mL 滤液于 250 mL 锥形瓶中，分别滴定钙镁合量和钙的含量。

钙的测定：在另一份溶液中加 0.2 g 盐酸羟胺，5 mL 三乙醇胺（1+4），4 mL 10 g/L L-半胱氨酸溶液，10 mL 200 g/L 氢氧化钾溶液，加 0.08 g 钙试剂，用 EDTA 标准溶液滴定至蓝色终点。

钙镁合量滴定：向一份溶液中加 0.2 g 盐酸羟胺，5 mL 三乙醇胺（1+4），4 mL 10 g/L L-半胱氨酸溶液，10 mL 氨水-氯化铵缓冲溶液，4~6 滴铬黑 T 指示剂，用 EDTA 标准溶液滴定至蓝色终点。

计算公式如下：

$$\mathrm{CaO}(\%) = \frac{V_1 f_{\mathrm{CaO}}}{m} \times 100\%$$

$$\mathrm{MgO}(\%) = \frac{(V_2 - V_1) f_{\mathrm{MgO}}}{m} \times 100\%$$

式中　f_{MgO}——与 1.00 mL EDTA 标准溶液相当的以克表示氧化镁的质量，其值等于 $f_{\mathrm{CaO}} \times 0.7188$（氧化钙换算成氧化镁的系数）；

V_2——滴定钙镁合量所耗 EDTA 标准溶液体积，mL；

V_1——滴定钙量所耗 EDTA 标准溶液体积，mL；

m——所取滴定溶液相当试样量，g。

2.5　技术路线

技术路线见图 2-5。

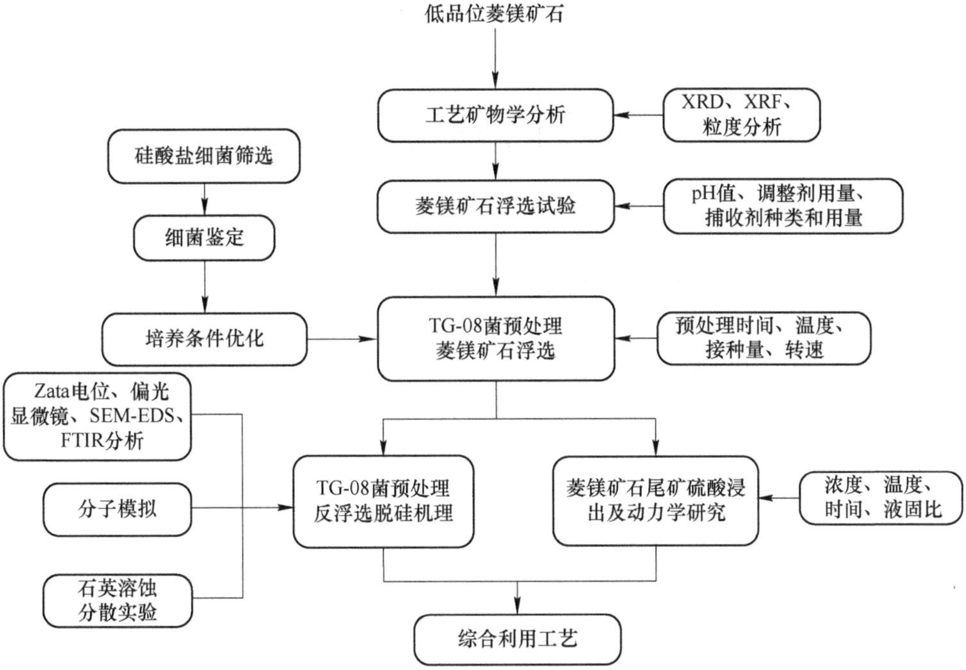

低品位菱镁矿石
工艺矿物学分析
XRD、XRF、粒度分析
硅酸盐细菌筛选
菱镁矿石浮选试验
pH值、调整剂用量、捕收剂种类和用量
细菌鉴定
培养条件优化
TG-08菌预处理菱镁矿石浮选
预处理时间、温度、接种量、转速
Zata电位、偏光显微镜、SEM-EDS、FTIR分析
分子模拟
TG-08菌预处理反浮选脱硅机理
菱镁矿石尾矿硫酸浸出及动力学研究
浓度、温度、时间、液固比
石英溶蚀分散实验
综合利用工艺

图 2-5 技术路线图

3　细菌的筛选与培养

3.1　细菌样品采集与分离

硅酸盐细菌在土壤中广泛分布，能将长石、云母等矿物中的难溶性的钾溶解利用，且对营养条件要求不高，对环境条件适应性很强。因此试验时选取土壤表层为细菌分离材料。

试验以北京某地区的土壤为硅酸盐细菌分离源，采集花园树木、植被根部附近的土壤为样品，并将所有样品保存于实验室 4 ℃低温保藏箱中。

硅酸盐细菌的分离按《土壤与环境微生物研究法》[90]中相应方法进行。称取 5 g 土壤样品，装入盛有 95 mL 灭菌水的三角烧瓶中，充分搅拌，使土壤中的细菌、菌丝等进入液体形成悬浮液，作为分离细菌的母液。

硅酸盐细菌属于异养型微生物，生长过程中需要外加的有机碳作为营养物质。细菌分离、纯化培养基采用普通亚历山大罗夫无氮固体培养基，培养基配比为：蔗糖 5.0 g/L，Na_2HPO_4 2.0 g/L，$MgSO_4 \cdot 7H_2O$ 0.5 g/L，$FeCl_3$ 0.005 g/L，$CaCO_3$ 0.1 g/L，高岭土 0.5 g/L，琼脂 10~15 g/L，121 ℃灭菌 30 min。

3.2　细菌的筛选和鉴定

3.2.1　细菌筛选

采用 10 倍稀释法将细菌分离母液稀释成 10^{-2}~10^{-6} 五种不同浓度的液体，取灭菌的试管，加入 9 mL 无菌水，再加入 1 mL 样品，摇匀；取另一灭菌试管加入 9 mL 无菌水，再加入 1 mL 配制的样品，摇匀；重复此操作，每次加入上一次配制的样品，直到得到稀释 10^6 倍的分离溶液。分别从 10^{-1}、10^{-2}、10^{-3}、10^{-4}、10^{-5}、10^{-6} 六管稀释液中，用无菌吸管吸取 0.1 mL 移入装有固态培养基的平板中，对应标识为 10^{-1}、10^{-2}、10^{-3}、10^{-4}、10^{-5}、10^{-6} 六种稀释度，涂布接种，静置几分钟，将平板放置于 30 ℃恒温生化培养箱中倒置培养 5~7 d。

每个浓度设三组重复试验。培养 72 h 后观察菌落生长情况，挑选符合文献报道的硅酸盐细菌菌落特征的菌落在平板上划线培养 2~5 d，再挑选单个菌落重复划线培养 3~4 次，同时检验其纯度，直至获得纯菌种。

3.2.2 细菌形态观察

观察细菌形态时需先对其进行革兰氏染色，具体方法为：菌株在液体培养基中培养 24~48 h，用接种环取菌液涂在载玻片上，晾干、固定，滴加草酸铵结晶紫于载玻片上涂菌的部位，染色 1 min，用水缓慢冲洗，接着滴加碘液涂面染 1 min，水洗，用吸水纸吸去水分，滴加 95%酒精，并轻轻摇动进行脱色，20 s 后水洗，吸去水分，最后滴加番红染色液 1 min，水洗，干燥，镜检。观察菌体，若菌体被染成蓝紫色即为革兰氏阳性菌，染成红色则为革兰氏阴性菌。

经划线培养得到一株典型的具有硅酸盐细菌特征的细菌，命名为 TG-08 菌，在无氮培养基上培养 24~36 h 就有菌落生长，菌落为光滑的圆形，边缘整齐、透明、隆起、黏稠，如图 3-1 所示，菌落不易挑起，易拉丝，富有弹性，培养 1~2 d 菌落直径 1~3 mm，3~7 d 菌落直径 5~10 mm。革兰氏染色阴性，细菌呈短杆状，直径约 1.2~1.8 μm，长约 3~5 μm，有荚膜，见图 3-2。

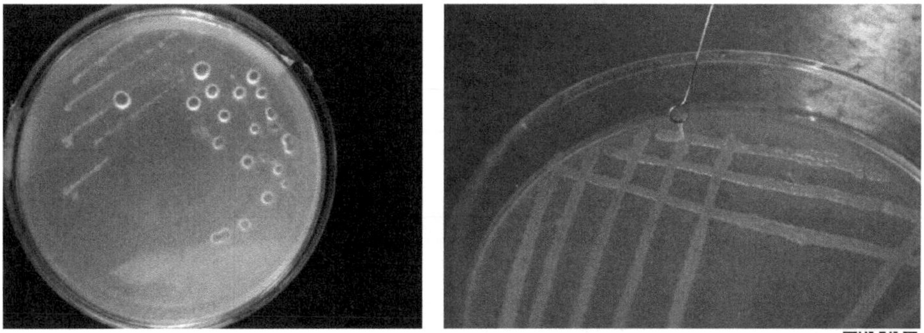

图 3-1 硅酸盐细菌菌落形态

扫码看彩图

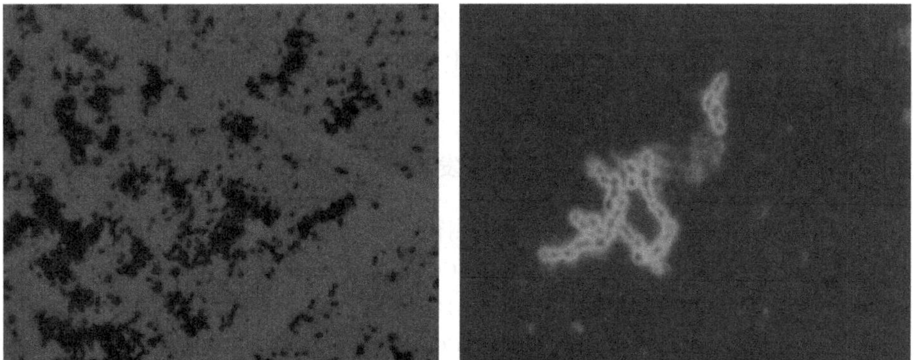

图 3-2 硅酸盐细菌形态

扫码看彩图

3.2.3　细菌生理生化特征

对 TG-08 菌进行了几项主要的生理生化指标测定，包括对碳素化合物（蔗糖、葡萄糖、果糖、麦芽糖等）和大分子化合物（明胶、淀粉）的分解和利用，对硝酸盐、苯丙氨酸、色氨酸三种氮素化合物的利用和分解，以及细菌的接触酶反应、甲基红试验。测定结果与 *A. chroococcum* 相比较如表 3-1 所示。

表 3-1　硅酸盐细菌的生理生化特征测定结果

生理生化指标		硅酸盐细菌	*A. chroococcum*
碳素化合物的利用与分解	蔗糖	+	+
	葡萄糖	+	+
	果糖	+	+
	麦芽糖	+	+
	柠檬酸	+	N
大分子化合物的利用与分解	明胶	+	+
	淀粉	+	+
氮素化合物的利用和分解	硝酸盐	–	–
	苯丙氨酸	–	–
	色氨酸	–	–
接触酶	过氧化氢酶	+	+
	氧化酶	–	–
其他	甲基红试验	–	–

注：“+”为阳性；“–”为阴性；N 表示无数据。

由表 3-1 可知，TG-08 菌能够利用和分解碳素化合物，让明胶和淀粉水解，与过氧化氢酶反应，不能利用氮素化合物，甲基红反应为阴性，且与 *A. chroococcum* 模式菌株具有相似的生理生化特性，可以初步判断 TG-08 菌为圆褐固氮菌。

3.2.4　基于 16S rRNA 基因序列的系统发育分析

由上海美吉生物医药科技有限公司测得的菌株 16S rDNA 序列拼接结果如下：

TGGGGCGCTCCTGCAGTCGAGCGGATGAGGGTGCTTGCATCCCGATTCAGCGGCGGACGGGTGAGTAATGCCTAGGAATCTGCCCGATAGTGGGGGACAACGTTTCGAAAGGAACGCTAATACCGCATACGTCCTACGGGAGAAAGTGGGGGCTCTTCGGACCTCACGCTATCGGATGAGCCTAGGTCGGATTAGCTAGTTGGTGGGGTAAAGGCTCACCAAGGCGACGATCCGTAACTGGTCTGAGAGGATGATCAGTCACACTGGAACTGAGACACGGTCCAGACTCCTACGGGAGGCAGCAGTGGGGAATATTGGACAATGGGCGAAAGCCTGATCCAGCCATGCCGCGTGTGTGAAGAAGGTCTTCGGATTGTAAAGCACTTTAAGTTGGG

AGGAAGGGCTGTAAGCGAATACCTTGCAGTTTTGACGTTACCGACAGAATAAGCACCGGCTAACTTC
GTGCCAGCAGCCGCGGTAATACGAAGGGTGCAAGCGTTAATCGGAATTACTGGGCGTAAAGCGCGC
GTAGGTGGTTTGGTAAGTTGGATGTGAAAGCCCCGGGCTCAACCTGGGAACTGCATCCAAAACTGCC
TGACTAGAGTACGGTAGAGGGTGGTGGAATTTCCTGTGTAGCGGTGAAATGCGTAGATATAGGAAG
GAACACCAGTGGCGAAGGCGACCACCTGGACTGATACTGACACTGAGGTGCGAAAGCGTGGGGAGC
AAACAGGATTAGATACCCTGGTAGTCCACGCCGTAAACGATGTCGACTAGCCGTTGGGCTCCTTGAG
AGCTTAGTGGCGCAGCTAACGCATTAAGTCGACCGCCTGGGGAGTACGGCCGCAAGGTTAAAACTCA
AATGAATTGACGGGGGCCCGCACAAGCGGTGGAGCATGTGGTTTAATTCGAAGCAACGCGAAGAAC
CTTACCTGGCCTTGACATGCTGAGAACTTTcCAGAGATGGATTGGTGCCTTCGGGAACTCAGACACAG
GTGCTGCATGGCTGTCGTCAGCTCGTGTCGTGAGATGTTGGGtTAAGTCCCGTAACGAGCGCAACCCT
TGTCCTTAGTTACCAGCACCTCGGGTGGGCACTCTAAGGAGACTGCCGGTGACAAACCGGAGGAAGG
TGGGGATGACGTCAAGTCATCATGGCCCTTACGGCCAGGGCTACACACGTGCTACAATGGTCGGTAC
AGAGGGTTGCCAAGTCGCGAGGCGGAGCTAATCCCAGAAAACCGATCGTAGTCCGGATCGCAGTCT
GCAACTCGACTGCGTGAAGTCGGAATCGCTAGTAATCGCGAATCAGAATGTCGCGGTGAATACGTTC
CCGGGCCTTGTACACACCGCCCGTCACACCATGGGAGTGGGTTGCTCCAGAAGTAGCTAGTCTAACC
TCGGAGGACGTACCACGAGTCGG

将 TG-08 菌 16S rDNA 序列与细菌基因库进行比对，结果如表 3-2 所示。

表 3-2 TG-08 菌 DNA 比对结果

样品名称	扩增序列	参考物种	Accession No.	分类	同源度
TG-08	16S rDNA	*Azotobacter chroococcum*（圆褐固氮菌）	EU930421	Bacteria；Proteobacteria；Gammaproteobacteria；Pseudomonadales；Pseudomonadaceae；Azotobacter	99%

由表 3-2 可知，TG-08 菌与 *A. chroococcum* 中 EU930421 最接近，同源度为 99%，且 DNA 分析与生理生化特性鉴定结果一致，可证明获得的细菌为硅酸盐细菌中的圆褐固氮菌。

表 3-3 为 TG-08 菌菌种鉴定的测序峰型图比对结果。

表 3-3 菌种鉴定峰形图比对结果

样品编号	测序引物名称	测序编号	结果
TG-08	27F	09170017	正常
	1492R	09170018	正常

用 Blast 程序对 TG-08 菌株的 16S rRNA 基因序列和 Gen Bank 中已有的序列进行核苷酸序列的同源性比较，发现 TG-08 菌株与多株圆褐固氮菌 16S rRNA 核苷酸序列的相似度最高，高达 99.9%。由此可知，TG-08 菌株可归属于圆褐固氮菌属。

图 3-3 为以 N-J 法建立的系统发育树。从图 3-3 中可以看出，TG-08 菌株与固氮菌 *Azotobacter chroococcum* 和假单胞菌属 *Pseudomonas* 系统聚成一群，相似性分别为 99%、97%。其中，菌株 TG-08 与 *Azotobacter chroococcum* 以 99.9% 的 16S rRNA 基因核苷酸序列相似性和极高的自展值（bootstrap value，92%）支持聚为 1 个分支，而与其他细菌均相距较远，表明 TG-08 菌株与 *Azotobacter chroococcum* 的亲缘关系最近。结合菌株形态和生理生化特征，鉴定 TG-08 菌株为圆褐固氮菌属（*Azotobacter*）的一个菌株。

图 3-3　菌株 TG-08 及相似菌株基于 16S rDNA 的系统进化树（邻接法构建）

3.3　TG-08 菌生长特性研究

3.3.1　TG-08 菌生长曲线

生长曲线是反映已接种细菌在培养液的生长过程中，培养时间同细菌生长情况之间的关系。对生长曲线的分析可以获得菌种的生长情况及生长周期，并且可以利用细菌的稳定期进行细菌预处理菱镁矿的浮选试验，获取更佳的试验效果。

TG-08 菌的生长曲线是菌种在 30 ℃、150 r/min 的亚历山大罗夫培养基活化培养 72 h 后，接菌 5 mL 活化后的菌悬液于 121 ℃灭菌 20 min 后的 100 mL 培养基中培养。将接菌后的菌液于 0 h、1.5 h、3 h、4 h、6 h、8 h、10 h、12 h、18 h、24 h、37 h、48 h、72 h、96 h、120 h、144 h 分别取样，取出的菌液在 1000 r/min 离心机上离心 2 min，取上清液用紫外分光光度计在波长为 420 nm 处测定细菌的浓度。图 3-4 为 TG-08 菌的生长曲线图，图 3-5 为 TG-08 菌对应的溶液 pH 值变化图。

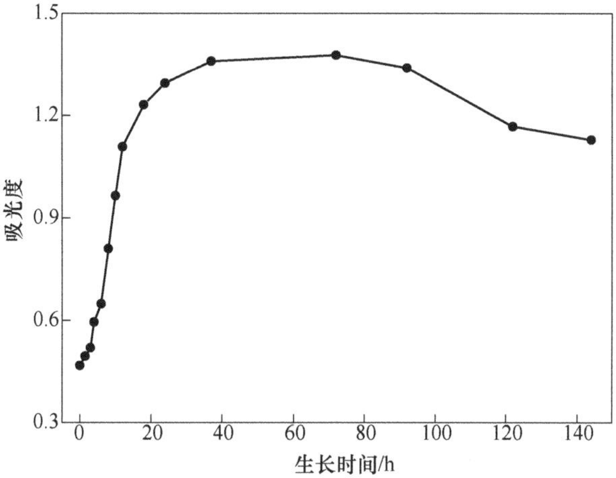

图 3-4　TG-08 菌生长曲线

由图 3-4 可知，TG-08 菌在 0~3 h 生长同其他时间段相比较为缓慢但不明显，处于生长迟缓期，细菌的生长迟缓期一般是为适应环境而造成的生长缓慢，TG-08 菌的生长迟缓期十分短暂且不明显，说明该菌对生长环境有较强的适应性；细菌在 3~28 h 迅速生长，细菌数量也在急速增多，代谢旺盛，有较强的生长活性，细菌处于生长对数期；在 28~72 h 内，细菌数量基本保持稳定，总细菌数也达到了最大值，处于生长稳定期，TG-08 菌的稳定期较长，说明细菌具有较高的实验利用价值；在 72~144 h 时，细菌数量逐渐减少，处于生长衰退期。

图 3-5 为 TG-08 菌溶液 pH 值随培养时间的变化曲线。由图 3-5 可知，培养初期至衰亡期 pH 值持续下降，72 h 降至 6.6。已有研究表明硅酸盐细菌为产有机酸菌株，生长过程中产草酸、柠檬酸、苹果酸等多种有机酸，可见 pH 值下降与 TG-08 菌在生长过程中分泌有机酸有关。72 h 后细菌处于衰亡期，溶液中营养物质被消耗，硅酸盐细菌在营养缺乏的条件下，会先利用小分子有机酸作为营养源，导致 pH 值的上升，有机酸耗尽，代谢产物多糖被利用生成有机酸，培养液 pH 值再次降低。

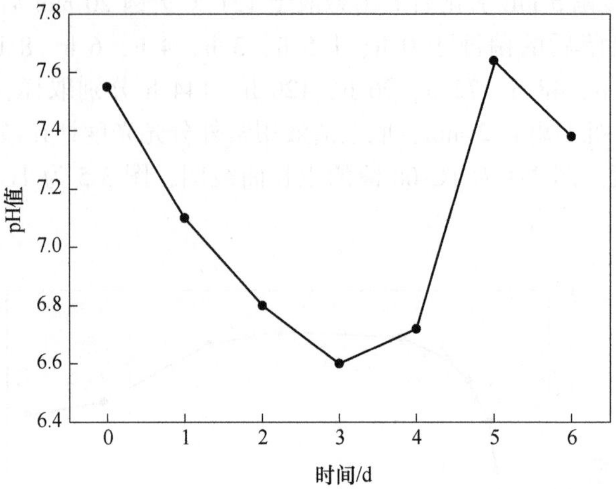

图 3-5　TG-08 菌溶液 pH 值随时间的变化

3.3.2　摇床转速对 TG-08 菌生长的影响

不同菌种的微生物对氧气的需要量及耐受性均不同，摇床试验通过改变转速使产生的流通空气量不同，来达到改变培养基中氧气浓度的目的，同时摇床的转动促使培养基中的营养成分分布更加均匀，对细菌的生长也有一定的促进作用。研究摇床转速对细菌生长的作用，可以使转速处于相对合适的范围，摇床转速的过低时，不利于氧气在溶液中的溶解，会抑制 TG-08 菌生长；摇床转速的过高时，由于剪切力的增大不利于细菌在矿物表面的附着，会减弱 TG-08 菌与矿物的相互作用，降低浸矿脱硅的效果。图 3-6 为摇床转速对 TG-08 菌生长的影响。

硅酸盐细菌为好氧菌，为了在合适的转速范围内寻找到硅酸盐细菌的最佳转速条件，本次试验的转速为 100 r/min、125 r/min、150 r/min、175 r/min、200 r/min，细菌在此转速范围内均可正常生长。由图 3-6 可知，TG-08 菌在转速为 100 r/min 时生长最佳，125 r/min 时略有下降，而细菌在 150~200 r/min 时生长情况大致相同。图 3-6 说明 TG-08 菌需氧量较小，在 100 r/min 最适生长。

3.3.3　温度对 TG-08 菌生长的影响

细菌生长受到诸多因素的影响，其中温度是重要的影响因素之一。菌种生长的环境不同，适应环境而产生的最适温度范围也不同。在一定的温度范围内，温度低时，细菌的代谢减慢，细菌生长变慢，锥形瓶中的细菌需要很长时间才能达到合适的生长量，与矿石作用的速度也减慢，当然，在培养液固定的情况下，细

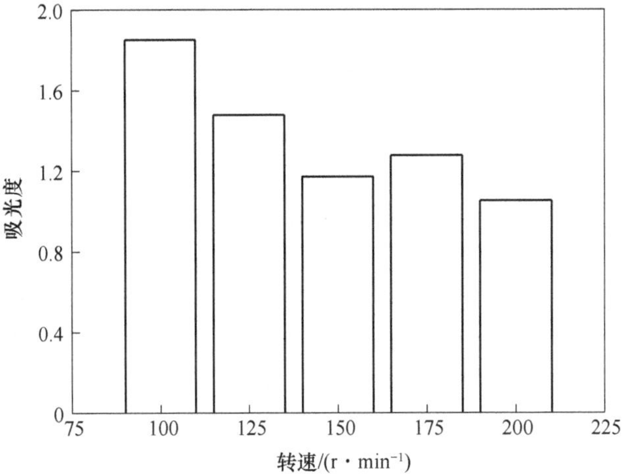

图 3-6 摇床转速对 TG-08 菌生长的影响

菌生长时间将会缩短；温度高时，则会出现相反的结果，所有生长过程都会变快，从而对矿物的利用率也会增加；但超出这个范围后，高温会损伤细胞中的某些物质，让细菌致死，低温会让细菌的生命活动完全停止。研究温度对细菌生长的影响，可以得出细菌的生长温度范围及最适生长温度。图 3-7 为温度对 TG-08 菌生长的影响。

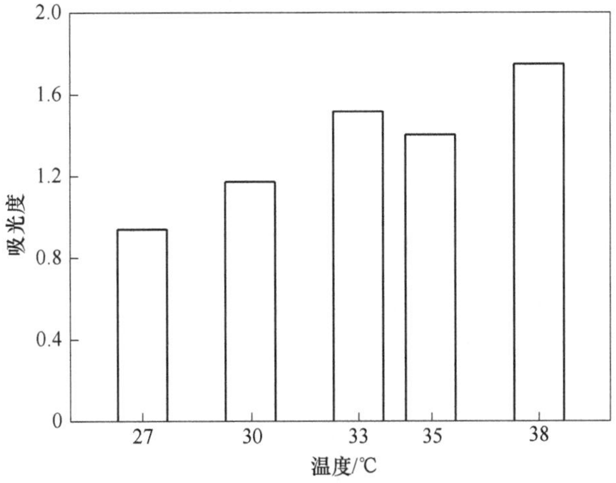

图 3-7 温度对 TG-08 菌生长的影响

硅酸盐细菌对温度适应性较强，在 15～45 ℃均可以生长，理论的最佳温度范围为 27～35 ℃。本次试验的温度范围为 27～38 ℃。由图 3-7 可知，TG-08 菌在 27～33 ℃之间生长逐渐加快，35 ℃时略有下降，在 38 ℃时生长最快，细菌浓度达到最大值。不同温度对 TG-08 菌的生长作用不同，且影响效果波动范围较大。TG-08 菌的最适生长温度为 38 ℃。

3.3.4　pH 值对 TG-08 菌生长的影响

pH 值代表了溶液的酸碱度，细菌的生长环境不同，能够适应的环境 pH 值也不尽相同。pH 值可以通过影响细菌的稳定性来进一步影响细菌生长。

将经过活化培养后的 TG-08 菌分别接种到 pH 值为 2.0、3.0、4.0、5.0、6.0、7.0、8.0、9.0、10.0、11.0 的，装有 100 mL 培养基的 250 mL 锥形瓶中，在 150 r/min，30 ℃的摇床中培养 4 d 后取出，并用比浊法测定菌液的吸光度，以 pH 值为横坐标，吸光度为纵坐标作图，见图 3-8。

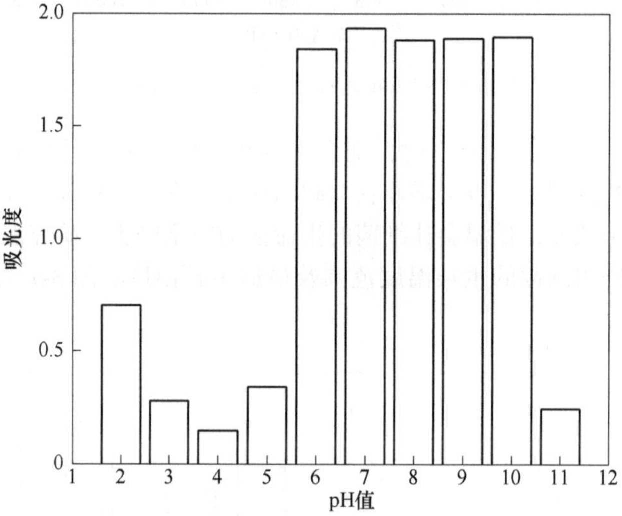

图 3-8　pH 值对 TG-08 菌生长的影响

如图 3-8 所示，TG-08 菌在 pH 值为 2.0~5.0 时，细菌浓度逐渐下降，基本没有细菌生长，而在 pH 值为 6.0、7.0、8.0、9.0、10.0 时，细菌浓度迅速增加，细菌迅速生长，在 pH 值为 11 时，细菌失活停止生长。图 3-8 说明，TG-08 菌更适宜生长在 pH 值为 6.0~10.0 的中性环境下，且 pH 值为 7.0 时生长最佳，而 pH 值过高或过低均会抑制 TG-08 菌的生长，导致细菌失活。

3.3.5　接菌量对 TG-08 菌生长的影响

接菌量是指接种到初始培养基的菌种量，适量的接菌量可以使微生物对培养基中营养成分的利用率提高。较高的接菌量使细菌在较高的初始菌浓度下生长，对细菌生长具有促进作用，但接菌量过高也会导致培养基中营养成分不能满足细菌生长而对生长造成抑制作用。

在 100 mL 的培养基中，分别接种体积分数为 3%、5%、7%、9%、11%活化培养的菌悬液，30 ℃，150 r/min 培养 96 h，取出菌液用分光光度计测定 420 nm 处的吸光度，以接菌量为横坐标，吸光度为纵坐标作图，见图 3-9。

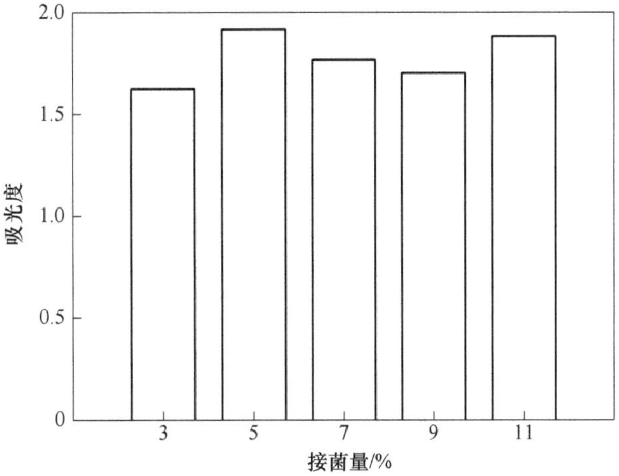

图 3-9 接菌量对 TG-08 菌生长的影响

由图 3-9 可知，接菌量在 3%时细菌生长最缓慢；在 5%时，细菌达到浓度最大值；7%、9%、11%的接菌量对细菌生长没有太大的差异性。硅酸盐细菌对生长环境适应性较强，接菌量对 TG-08 菌生长的影响不大，在 5%接菌量时，细菌对培养基的利用率最大，为最适接菌量。

3.3.6 碳源对 TG-08 菌生长的影响

细菌的生长环境对细菌有很大的影响，细菌为适应环境，会随环境的温度、酸碱性，以及营养成分来变化自身达到更佳的生长。碳源作为除温度、酸碱性之外最重要的生长影响因素，主要代表了微生物将外界有机物质转化为自身组分的能力，适宜的碳源对细菌的生长具有促进作用。TG-08 菌在不同碳源下的生长见图 3-10。

如图 3-10 所示，TG-08 菌在以葡萄糖、果糖、蔗糖为碳源时生长效果较好，对乙醇、淀粉、甘露醇及麦芽糖的利用率与上述三种碳源相比较差。说明 TG-08 菌对如葡萄糖、果糖的利用效果较佳；对由葡萄糖和果糖组成的双糖及蔗糖的利用率最高；而对麦芽糖、淀粉的利用率较低，细菌本身对复杂多糖的转化效率较差；对乙醇、甘露醇的利用率最低，细菌对有机醇的利用效果差，不能有效地将有机醇转化为自身所需的营养物质。

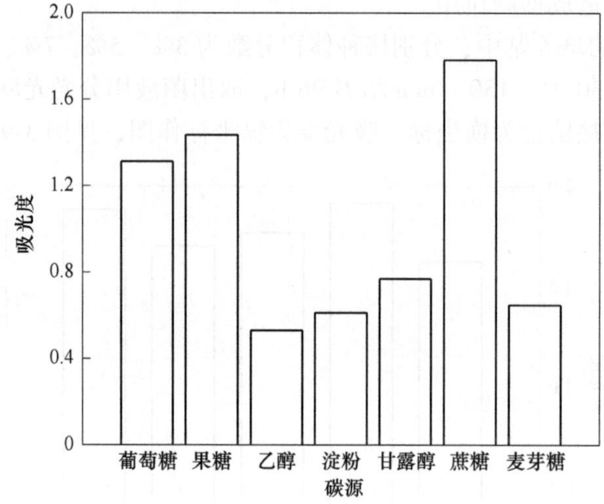

图 3-10　碳源对 TG-08 菌生长的影响

3.4　TG-08 菌表面基团与组成分析

3.4.1　TG-08 菌表面基团分析

筛选硅酸盐细菌 TG-08 进行红外光谱扫描分析，结果如图 3-11 所示。

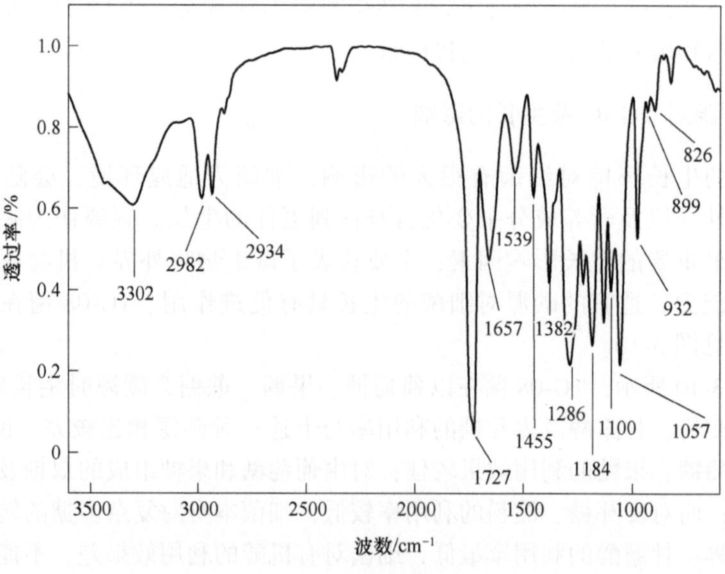

图 3-11　TG-08 菌红外光谱图

由图 3-11 可知，TG-08 菌株吸收谱在 3302 cm^{-1} 附近范围强宽谱峰为缔合的 O—H 的伸缩振动与 O—H、N—H 键伸展振动峰，来自多糖、脂肪酸和蛋白等组分；2982 cm^{-1} 和 2934 cm^{-1} 处的谱峰分别来自脂类和蛋白质，是典型的脂碳链的 C—H 键的伸展振动吸收带，反映了脂肪酸、各种膜和细胞壁组分的亲水脂分子的信息；1657 cm^{-1} 和 1539 cm^{-1} 两处谱峰主要来自蛋白质酰胺Ⅰ带和酰胺Ⅱ带，其中前者来自 C═O 伸缩振动，后者来自 N—H 弯曲振动和 C—N 伸缩振动；1455 cm^{-1} 附近的吸收带属于蛋白质分子中甲基的对称和反对称弯曲振动；1184~1100 cm^{-1} 处的吸收谱带主要来自细胞壁的主要成分——碳水化合物中多聚糖中 C—O（H）伸缩振动；1382 cm^{-1} 和 1286 cm^{-1} 两处谱峰分别属于核酸分子内磷酸二酯基团的反对称和对称伸缩振动峰；1057 cm^{-1} 为多糖骨架振动吸收带，主要是糖类的 C—OH 的伸缩振动，也可能含 P—O—C 伸缩振动的贡献；979 cm^{-1} 处的峰为磷酸化蛋白和核酸中磷酸单酯二价阴离子—PO^{2-} 基团的对称伸缩振动；932 cm^{-1}、899 cm^{-1} 分别为葡萄糖、甘露糖的特征峰。

3.4.2　TG-08 菌组成分析

对 TG-08 菌溶液进行紫外光谱分析，结果如图 3-11 所示。图 3-12 中波长 196 nm 处显示为多糖吸收峰，260 nm 处为核酸吸收峰，330 nm 处为酶的吸收峰。由此可知 TG-08 菌的分泌物为多糖、核酸和酶。

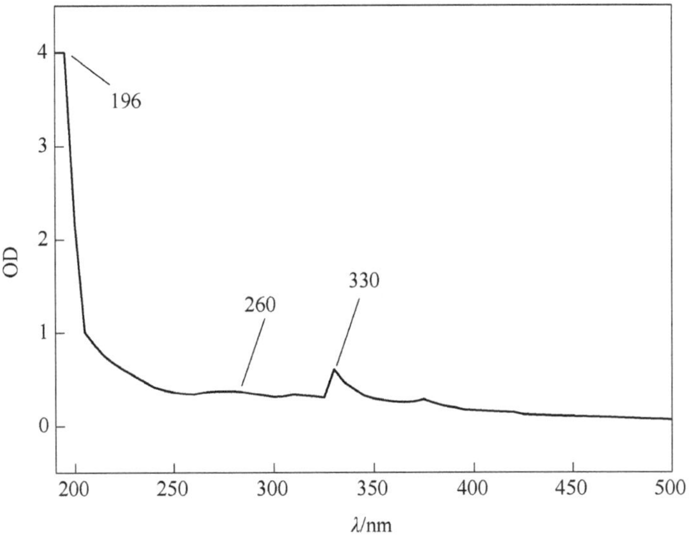

图 3-12　TG-08 菌紫外光谱扫描图谱

3.5　本章小结

（1）筛选菌种 DNA 序列经细菌基因库比对，与 *A. chroococcum* 中 EU930421 最接近，同源度为99%，且 DNA 分析与生理生化特性鉴定结果一致，可证明获得的细菌为硅酸盐细菌。

（2）对 TG-08 菌生长特性进行了研究，结果表明，控制转速为 100 r/min，调节温度为 38 ℃，亚历山大罗夫培养基溶液基础 pH 值为 7，摇瓶接菌量为 5% 即达到 TG-08 菌生长最适条件。

（3）对 TG-08 菌表面基团和组成成分分析可知，TG-08 菌表面主要组成成分为脂类和蛋白，TG-08 菌液体中的分泌物为多糖和酶。

4 TG-08 菌预处理反浮选脱硅研究

浮选是一种常用的菱镁矿脱硅方法，使用十二烷胺作为捕收剂的反浮选已被证明是实现菱镁矿和石英分离的有效方法，但其要求分选的菱镁矿和石英均单体解离。众所周知，一些微生物对矿物泡沫浮选具有选择性活化或抑制作用。一直以来，微生物脱硅体系中预处理与浮选分别脱除含硅矿物的种类及二者协同作用方面的研究很少，通过研究微生物预处理与浮选可脱除菱镁矿中含硅矿物及其脱硅机理，促进微生物脱硅技术在菱镁矿提质方面的应用。

4.1 十二胺体系下菱镁矿石反浮选研究

十二胺是碳酸盐和硅酸盐类矿物的良好捕收剂[123-125]，本节以十二胺为浮选捕收剂，从矿浆 pH 值、水玻璃用量、十二胺用量的影响等方面对菱镁矿石的浮选行为进行了考察。

4.1.1 pH 值对菱镁矿石反浮选脱硅的影响

原矿中含硅矿物嵌布粒度较细，以-0.074 mm 矿石进行浮选试验，采用一次选别流程研究矿浆 pH 值对十二胺反浮选脱硅的影响。试验中采用稀硫酸和碳酸钠调节矿浆 pH 值，捕收剂十二胺用量 300 g/t，结果如图 4-1 所示。

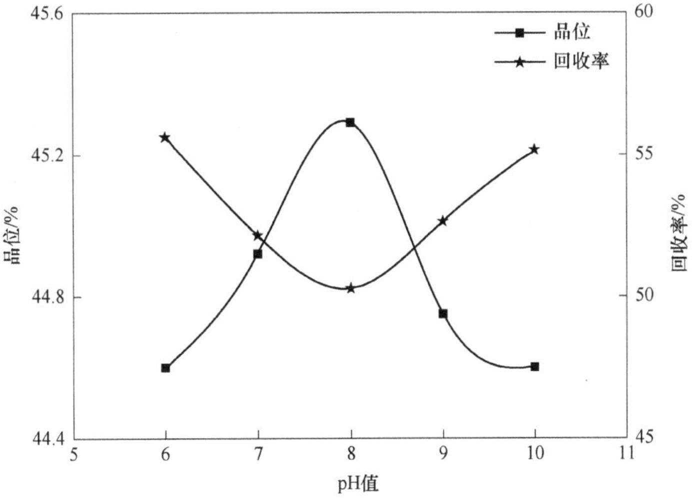

图 4-1 十二胺为捕收剂时 pH 值对菱镁矿石反浮选的影响

由图 4-1 可知，精矿中 MgO 品位随着 pH 值的升高呈现先上升后下降的趋势，在 pH 值为 8 时达到最高，为 45.29%；而精矿中 MgO 回收率随着 pH 值的升高呈现先下降后上升的趋势，且回收率均高于 50%，低于 55%，因此，后续试验均采用碳酸钠将矿浆 pH 值调节为 8。

4.1.2　水玻璃用量对菱镁矿石反浮选脱硅的影响

矿浆 pH 值确定后，以 300 g/t 十二胺为捕收剂进行反浮选，考察不同用量的水玻璃对菱镁矿反浮选的影响，试验结果如图 4-2 所示。

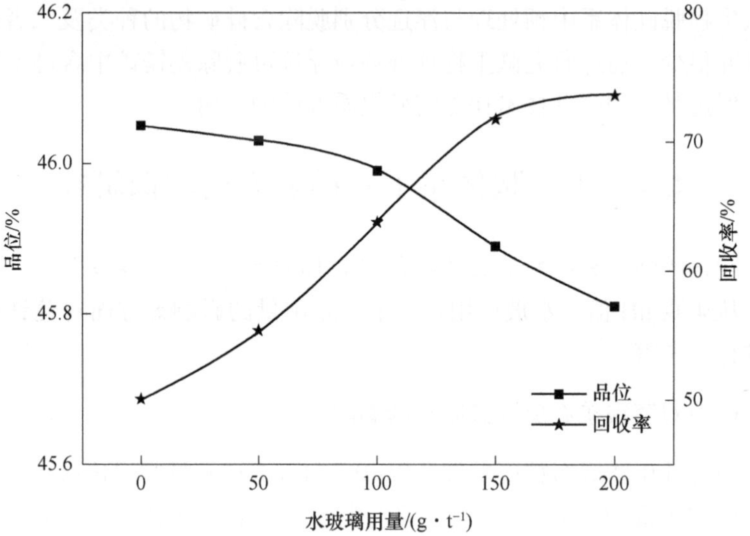

图 4-2　十二胺为捕收剂时水玻璃用量对菱镁矿石反浮选的影响

由图 4-2 可知，以十二胺为捕收剂时，随着水玻璃的用量从 0 g/t 增加到 200 g/t，精矿中 MgO 品位由 46.05%下降到 45.81%，而精矿中 MgO 回收率由 50.08%上升至 73.62%，精矿中 MgO 回收率随着水玻璃用量的增加而显著上升，但精矿中 MgO 品位变化不大。如当水玻璃用量为 200 g/t 时，MgO 品位为 45.81%，回收率为 73.62%，而当不添加水玻璃时，MgO 品位为 46.05%，但回收率却降低至 50.08%。为最大限度回收菱镁矿资源，选择水玻璃用量为 200 g/t 为后续反浮选试验中的水玻璃用量。

4.1.3　十二胺用量对菱镁矿石反浮选脱硅的影响

矿浆 pH 值确定后，以 200 g/t 水玻璃为分散剂进行反浮选，考察不同用量的十二胺对菱镁矿反浮选的影响，试验结果如图 4-3 所示。

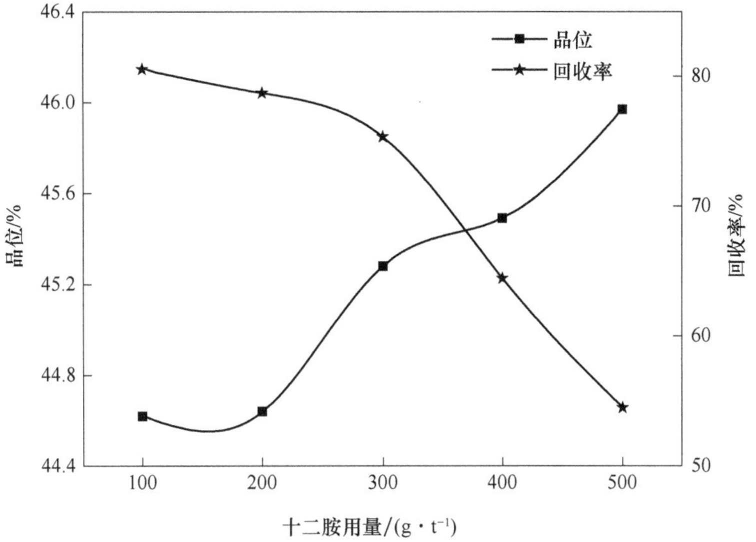

图 4-3 十二胺用量对菱镁矿石反浮选的影响

随着十二胺的用量从 100 g/t 增加到 500 g/t，精矿中 MgO 品位由 44.62%上升到 45.97%，而精矿中 MgO 回收率由 80.56%下降至 54.51%，可见十二胺用量的变化对精矿 MgO 品位影响不大。精矿中 MgO 回收率在十二胺的用量低于 300 g/t 时，变化不明显，仅下降 5%；而当十二胺用量高于 300 g/t 时，回收率下降明显。综合考虑精矿中 MgO 品位和回收率，选择十二胺用量为 300 g/t。

4.1.4 浮选药剂制度确定

通过上述试验，确定十二胺体系下选别菱镁矿石的药剂制度。药剂制度为：pH 值用碳酸钠调节至 8，搅拌 3 min；分散剂水玻璃用量 200 g/t，搅拌 3 min；捕收剂十二胺用量为 300 g/t，搅拌 3 min。图 4-4 和表 4-1 为此流程和药剂制度获得的最终试验结果。

表 4-1 流程试验结果 (%)

产品	产率	品位		回收率	
		SiO_2	MgO	SiO_2	MgO
精矿	71.00	2.08	45.81	33.95	73.62
尾矿	29.00	9.91	40.19	66.05	26.38
原矿	100.00	4.35	44.18	100.00	100.00

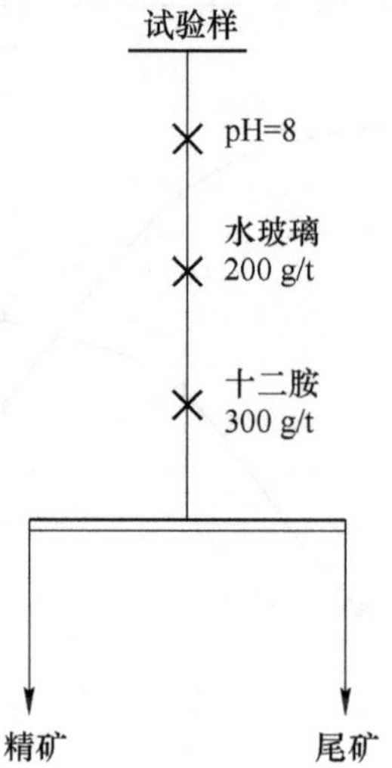

图 4-4　浮选脱硅流程

由表 4-1 流程试验的结果可以看出，在最佳浮选条件下，精矿中 MgO 品位为 45.81%，回收率为 73.62%，而精矿中 SiO_2 品位为 2.08%。

4.2　十二烷基磺酸钠体系下菱镁矿石反浮选研究

十二烷基磺酸钠是一种阴离子捕收剂，易溶于水，具有良好的乳化、发泡、渗透、去污和分散性能。王淀佐等[126]的研究结果显示，氢氧化物沉淀对阴离子捕收剂捕收石英有很好的活化作用。关于其浮选机理，石云良等[127]认为是阴离子捕收剂与沉淀在石英表面的 $Ca(OH)_2$ 发生了交换反应，从而使得石英上浮；而李丽匣等[128]认为，在溶液中，存在 $Ca(OH)^+$ 并吸附在石英表面，能活化浮选；而形成 $Ca(OH)_2$ 时，它在石英表面脱附，浮选不能进行。本节以十二烷基磺酸钠为浮选捕收剂，从矿浆 pH 值、水玻璃用量、十二烷基磺酸钠用量等方面对菱镁矿的浮选行为进行了考察。

4.2.1　pH 值对菱镁矿石反浮选脱硅的影响

以-0.074 mm 矿石进行浮选试验，采用一次选别流程研究矿浆 pH 值对反浮选脱硅的影响。试验中采用碳酸钠调节矿浆 pH 值，分散剂水玻璃用量 200 g/t，捕收剂十二烷基磺酸钠用量 150 g/t，结果如图 4-5 所示。

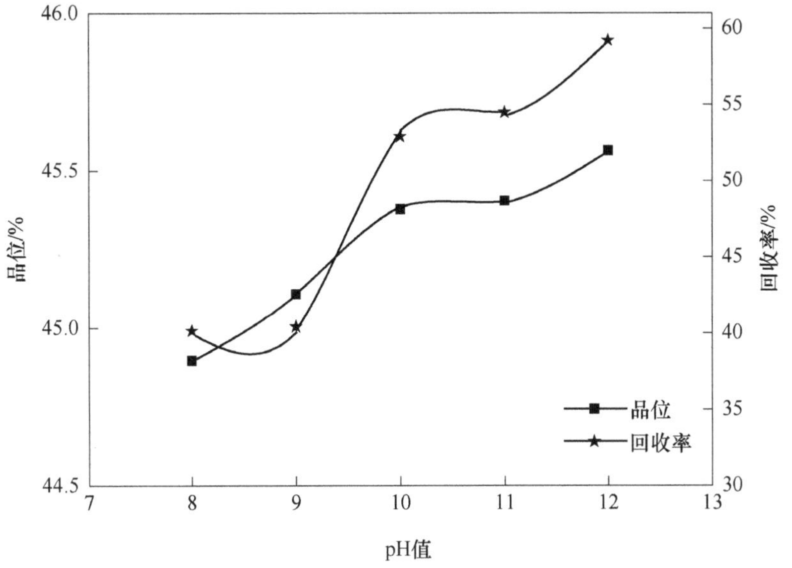

图 4-5　十二烷基磺酸钠为捕收剂时 pH 值对菱镁矿石反浮选的影响

由图 4-5 可知，以十二烷基磺酸钠为捕收剂时，pH 值从 8 上升到 12 时，精矿 MgO 品位从 44. 90%上升到 45. 56%，可见 pH 值对精矿中 MgO 品位影响不大，而精矿中 MgO 回收率从 40. 17%上升到 59. 20%，上升了 19. 03%，回收率变化明显。因此，十二烷基磺酸钠捕收体系下，选择 pH 值为 12 为最佳条件，进行其他条件试验。

4. 2. 2　水玻璃用量对菱镁矿石反浮选脱硅的影响

矿浆 pH 值确定后，以 150 g/t 十二烷基磺酸钠为捕收剂进行反浮选，考察不同用量的水玻璃对菱镁矿反浮选的影响，试验结果如图 4-6 所示。

由图 4-6 可知，以十二烷基磺酸钠为捕收剂时，随着水玻璃的用量从 0 g/t 增加到 200 g/t，精矿中 MgO 品位呈现先上升后下降的趋势，而精矿中 MgO 回收率由 47. 75%上升至 58. 66%。当水玻璃用量为 100 g/t 时，MgO 品位为 45. 42%，回收率为 52. 61%。为保证菱镁矿的品位，选择水玻璃用量为 100 g/t 为后续反浮选试验中的水玻璃用量。

4. 2. 3　十二烷基磺酸钠用量对菱镁矿石反浮选脱硅的影响

矿浆 pH 值确定后，以 100 g/t 水玻璃为分散剂进行反浮选，考察不同用量的十二烷基磺酸钠对菱镁矿石反浮选的影响，试验结果如图 4-7 所示。

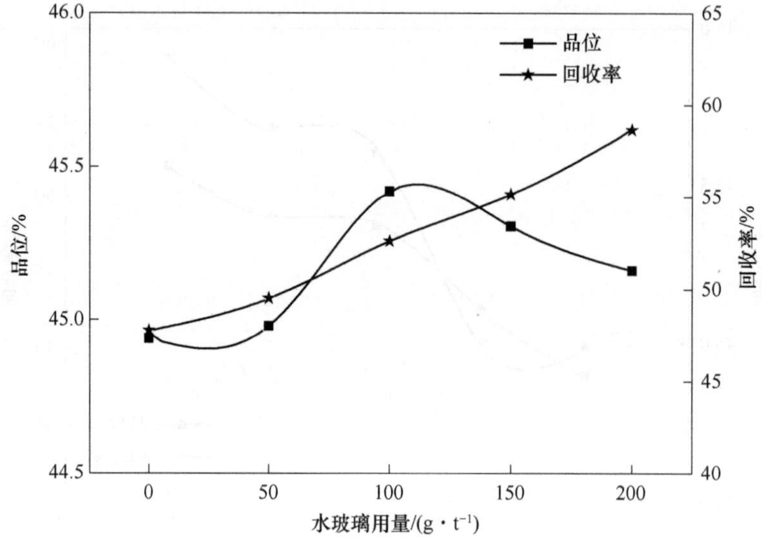

图 4-6　十二烷基磺酸钠为捕收剂时水玻璃用量对菱镁矿石反浮选的影响

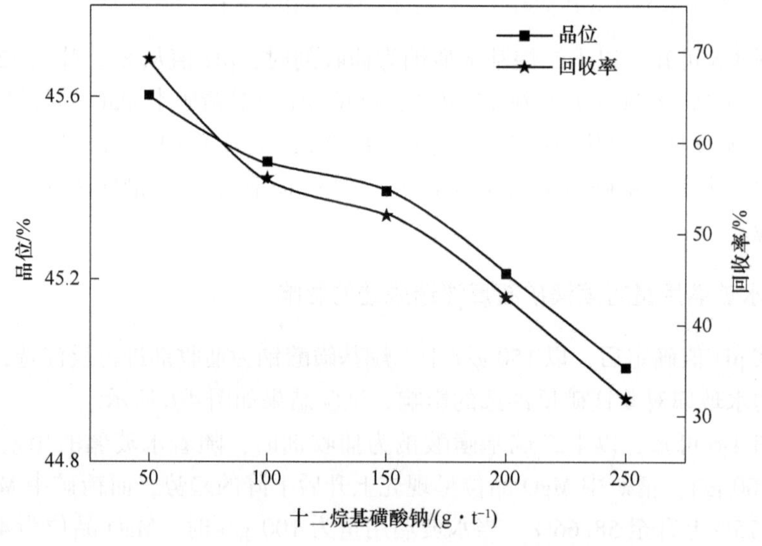

图 4-7　十二烷基磺酸钠用量对菱镁矿石反浮选的影响

由图 4-7 可知，随着十二烷基磺酸钠的用量从 50 g/t 增加到 250 g/t，精矿中 MgO 品位由 45. 60%下降到 45. 00%，可见十二烷基磺酸钠对精矿中 MgO 品位影响不大，而精矿中 MgO 回收率由 69. 15%下降至 31. 88%，回收率下降明显，为最大限度回收菱镁矿资源，选择十二烷基磺酸钠用量为 200 g/t。

4.2.4　浮选药剂制度确定

通过上述试验，确定十二烷基磺酸钠体系下选别菱镁矿石的药剂制度。药剂制度为：pH 值用碳酸钠调节至 12，搅拌 3 min；分散剂水玻璃用量 100 g/t，搅拌 3 min；捕收剂 SDS 用量为 50 g/t，搅拌 3 min。图 4-8 和表 4-2 为此流程和药剂制度获得的最终试验结果。

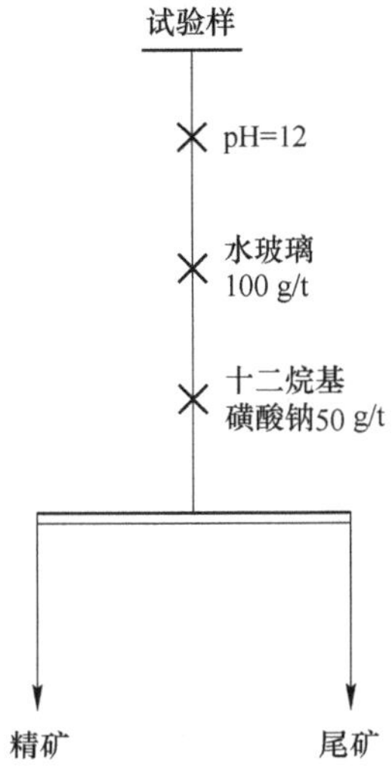

图 4-8　浮选脱硅流程

表 4-2　流程试验结果　（%）

产品	产率	品位		回收率	
		SiO_2	MgO	SiO_2	MgO
精矿	67.00	2.33	45.60	35.89	69.15
尾矿	33.00	8.45	41.30	64.11	30.85
原矿	100.00	4.35	44.18	100.00	100.00

由表 4-2 流程试验的结果可以看出，在最佳浮选条件下，菱镁矿精矿中 MgO 的品位为 45.60%，回收率为 69.15%，而菱镁矿精矿中的 SiO_2 的品位为 2.33%。

4.3　TG-08 菌预处理菱镁矿石反浮选脱硅研究

十二胺体系最优浮选条件下，菱镁矿精矿中的 MgO 品位为 45.81%，回收率为 73.62%，而菱镁矿精矿中的 SiO_2 品位为 2.08%；十二烷基磺酸钠体系最优浮选条件下，菱镁矿精矿中的 MgO 品位为 45.60%，回收率为 69.15%，而菱镁矿精矿中的 SiO_2 品位为 2.33%，由此可见，对于菱镁矿石的反浮选脱硅，十二胺比 SDS 的选择性捕收能力强。因此，在 TG-08 菌预处理菱镁矿石反浮选脱硅时，采用十二胺浮选体系。

4.3.1　预处理方式对菱镁矿石反浮选脱硅的影响

不同预处理方式对菱镁矿石反浮选脱硅的效果不同，试验固定水玻璃用量为 200 g/t，十二胺用量为 300 g/t，调节浮选矿浆 pH 值为 8，考察细菌处理后不去除培养基和去除培养基对菱镁矿浮选的影响，结果如图 4-9 所示。

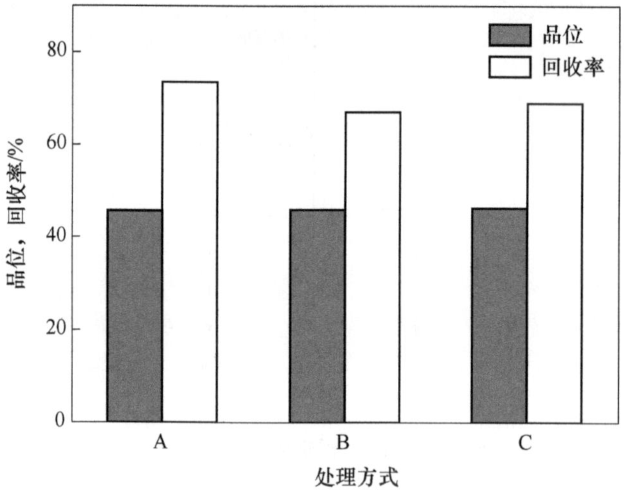

图 4-9　TG-08 菌处理方式对菱镁矿石反浮选脱硅的影响

A—未处理；B—细菌处理；C—细菌处理后去除培养基

图 4-9 中，对比 A 与 B 可知，菱镁矿经 TG-08 菌预处理后，浮选精矿品位较未经细菌处理提高 0.56%，相应回收率也有所下降；对比 B 与 C 可看出，细菌培养基或者未与矿物作用的细菌代谢物会影响矿浆环境，不利于反浮选脱硅，去除细菌培养基后精矿品位可达 46.21%。因此，最终确定菱镁矿石经 TG-08 菌预处理后过滤掉培养基再进行反浮选试验。

4.3.2　培养方式对菱镁矿石反浮选脱硅的影响

TG-08 菌预处理过程主要是 TG-08 菌与矿物的作用过程，作用时间与作用效果密切相关；同时 TG-08 菌生长要经历延滞期、对数期、稳定期和衰亡期，不同时期的 TG-08 菌直接影响预处理浮选效果。不同的培养方式导致 TG-08 菌到达稳定期的时间不一样，试验固定水玻璃用量为 200 g/t，十二胺用量为 300 g/t，调节浮选 pH 值为 8，对不同的培养方式 TG-08 菌预处理的菱镁矿石进行浮选试验，结果如图 4-10 所示。

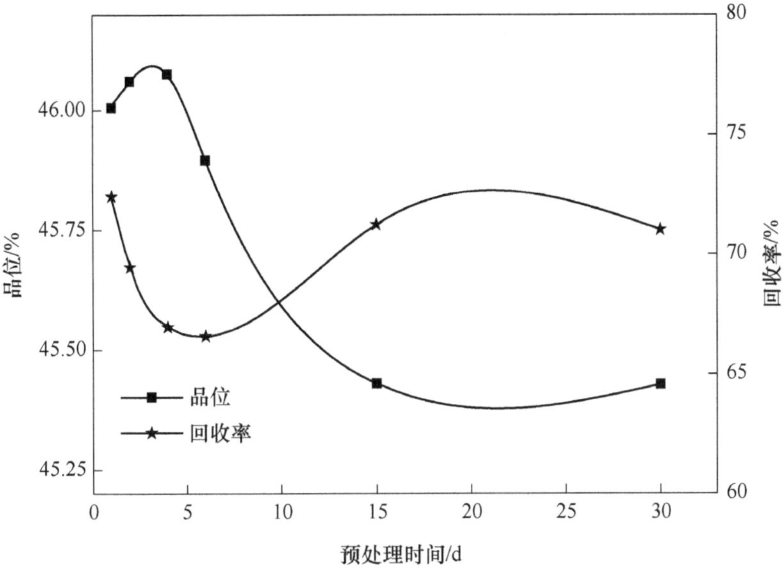

(a) 摇瓶试验

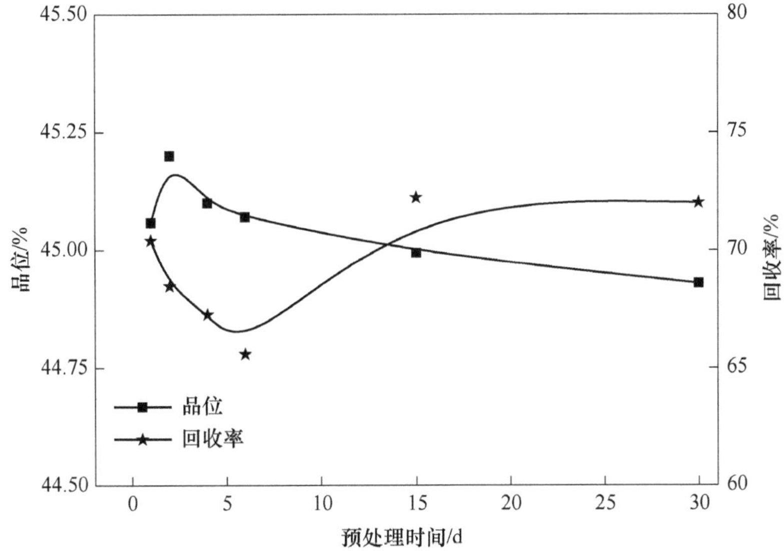

(b) 培养箱静置培养

图 4-10 TG-08 菌预处理时间对菱镁矿石反浮选效果的影响

图 4-10（a）为摇瓶培养条件下，TG-08 菌预处理时间与浮选效果的关系。由图 4-10（a）可知，细菌预处理前期对浮选影响较大，精矿 MgO 回收率随处理时间的增加而急剧降低，镁品位保持在 46%以上，处理时间为 6 d 时，精矿 MgO 回收率低至 65. 34%；细菌处理时间大于 6 d，精矿 MgO 回收率增加；处理时间为 30 d，精矿 MgO 品位为 45. 43%，回收率提升至 71. 24%。

图 4-10（b）为培养箱培养条件下，TG-08 菌预处理时间与浮选效果的关系。从中可知，细菌培养预处理前期精矿 MgO 品位变化较小，保持在 45% 左右，而回收率呈现下降趋势。延长处理时间，精矿品位随之下降，当预处理时间为 30 d 时，精矿 MgO 品位和回收率分别为 44. 93%、72. 01%。

对比图 4-10 中两种细菌培养处理方式可知，摇瓶培养可在短期内达到一定的效果，培养箱培养则相对比较缓慢。这是由于摇瓶培养下培养液中的氧气量供应充足，有利于细菌的生长。

4. 3. 3　培养基用量对菱镁矿石反浮选脱硅的影响

摇瓶培养时，TG-08 菌预处理的菱镁矿石装瓶量为 50 g，此时培养基用量、接菌量以及预处理时间均会影响浮选效果。接菌量及预处理时间一定时，不同培养基用量在一定培养时间内会导致细菌浓度不同。试验固定接菌量为 10 mL，培养时间为 4 d，水玻璃用量为 200 g/t，十二胺用量为 300 g/t，pH 值为 8，培养基用量对菱镁矿石反浮选脱硅的影响试验结果如图 4-11 所示。

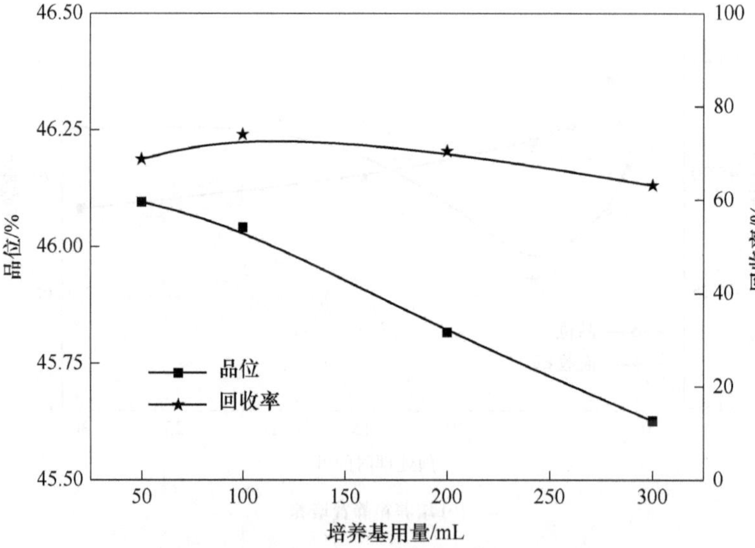

图 4-11　培养基用量对菱镁矿石浮选效果的影响

由图 4-11 可知，精矿中 MgO 品位随培养基用量增加而降低，培养基用量由 50 mL 增加到 300 mL，精矿 MgO 品位相应由 46.10%降低至 45.63%，精矿回收率变化不大，保持在 60%左右。由此可见，高浓度细菌含量对浮选有益。综合考虑 MgO 品位和回收率，处理 50 g 矿，培养基用量 100 mL 为宜。

4.3.4 接菌量对菱镁矿石反浮选脱硅的影响

摇瓶培养时，TG-08 菌预处理的菱镁矿石装瓶量为 50 g，固定培养基用量以及预处理时间，适量的接菌量可以使微生物对培养基中营养成分的利用率提高，接菌量过高，培养基中的营养成分不能满足细菌生长，从而影响细菌的预处理效果。试验固定培养基用量为 100 mL，培养时间为 4 d，水玻璃用量为 200 g/t，十二胺用量为 300 g/t，pH 值为 8，接菌量对菱镁矿石浮选效果的影响试验结果如图 4-12 所示。

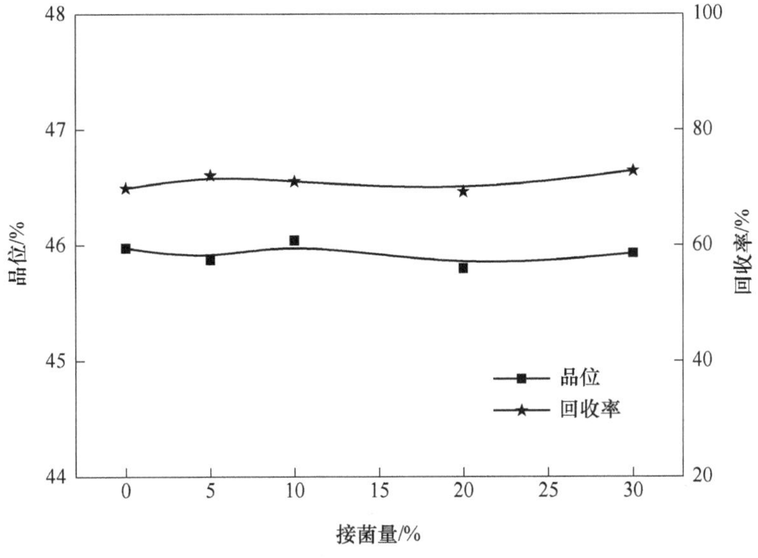

图 4-12 接菌量对菱镁矿石浮选效果的影响

从图 4-12 可知，随着接菌量的增加，精矿 MgO 品位和回收率基本保持不变，可见接菌量在培养期为 4 d 时对细菌处理效果几乎无影响。接菌量为 10%时所获得的浮选精矿 MgO 品位较高，试验效果相对较好。

4.3.5 预处理时间对菱镁矿石反浮选脱硅的影响

摇瓶培养时，TG-08 菌预处理的菱镁矿石装瓶量为 50 g，固定培养基用量以及接菌量，不同预处理时间在一定培养时间内也会导致细菌浓度不同。试验固定培养基用量为 100 mL，接菌量为 10%，水玻璃用量为 200 g/t，十二胺用量为 300 g/t，pH 值为 8，不同预处理时间试验结果如图 4-13 和图 4-14 所示。

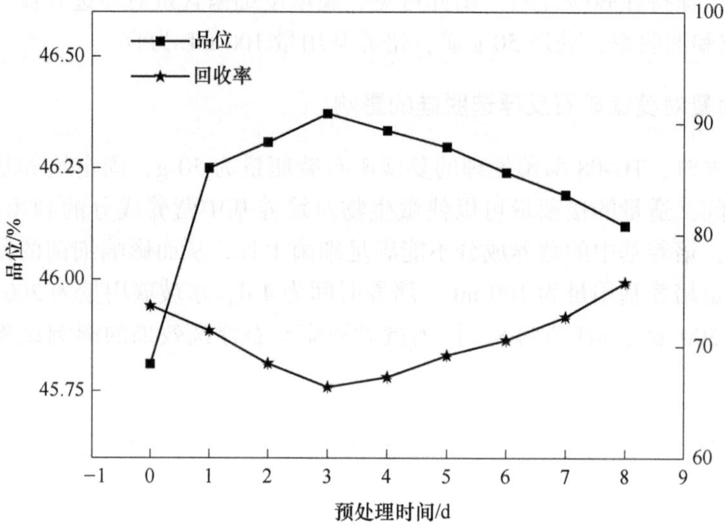

图 4-13　预处理时间对菱镁矿石中 MgO 的品位和回收率的影响

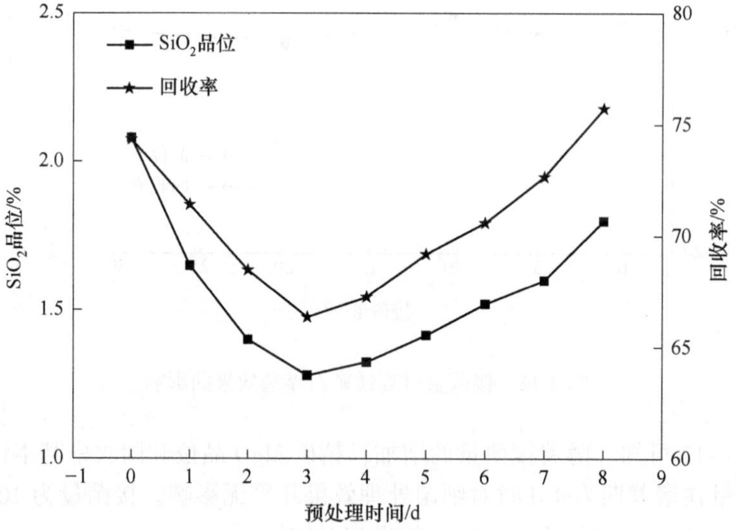

图 4-14　预处理时间对菱镁矿石中 SiO_2 的品位和回收率的影响

由图 4-13 可知，从第一天开始，精矿中 MgO 的品位增加，在第三天达到最大值，然后随着生物预处理时间的延长而缓慢下降。由图 4-14 可知，精矿中二氧化硅的品位最初降低，随后在第三天达到最低值。在没有 TG-08 菌预处理的条件下，氧化镁的品位为 45.81%，二氧化硅含量为 2.08%。TG-08 菌预处理后，精矿中氧化镁的品位为 46.37%，二氧化硅的品位为 1.28%。结果表明，细菌预处理有利于菱镁矿石中硅酸盐矿物的浮选分离，石英的上浮率增加而菱镁矿表面变得更亲水。Leroy[129] 在对微生物浮选提纯赤铁矿的研究中获得了相似的试验结果，在微生物的作用下，石英表面变得疏水，而赤铁矿、刚玉的表面变得更加亲水。在菱镁矿细菌预处理第四天时，石英和菱镁矿浮选分离效果变差。此外，随着细菌预处理时间的延长，浮选精矿的回收率和硅品位增加，菱镁矿品位降低。可能的原因是细菌蛋白质起着浮选捕收剂的作用，相对增加捕收剂的数量，降低了捕收剂的选择性。Natarajan 等[130] 也曾报道，细菌蛋白可以选择性分离石英和黄铁矿、黄铜矿。因此，当预处理时间超过四天时，石英和菱镁矿的浮选分离效果较差。

4.3.6 TG-08 菌预处理浮选流程确定

通过上述试验，确定 TG-08 菌预处理体系下选别菱镁矿石的适宜工艺流程和药剂制度。培养制度为：摇床培养，培养基用量为 50 g 矿 100 mL，接菌量为 10%，预处理时间为 3 d；药剂制度为：pH 值用碳酸钠调节至 8，搅拌 3 min；分散剂水玻璃用量为 200 g/t，搅拌 3 min；捕收剂十二胺用量为 300 g/t，搅拌 3 min。图 4-15 和表 4-3 为此流程和药剂制度获得的最终试验结果。

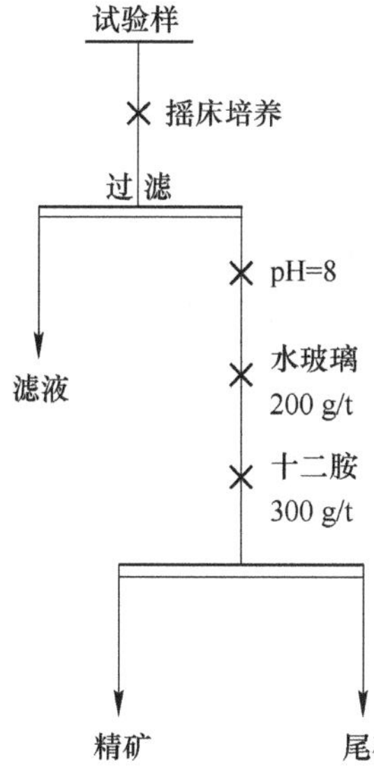

图 4-15 浮选脱硅流程

表 4-3　流程试验结果　(%)

产品	产率	含量		回收率	
		SiO_2	MgO	SiO_2	MgO
精矿	65.23	1.28	46.37	19.19	68.46
尾矿	34.77	10.08	40.07	80.81	31.54
原矿	100.00	4.35	44.18	100.00	100.00

由表 4-3 流程试验的结果可以看出，在最佳浮选条件下，菱镁矿精矿中 MgO 的含量为 93.00%，回收率为 68.46%，且菱镁矿精矿中的 SiO_2 的脱除率为 68.93%。

4.4　本章小结

(1) 采用十二胺与十二烷基磺酸钠体系均可在一定程度上脱除菱镁矿石中的硅，十二胺体系较十二烷基磺酸钠体系对矿物的捕收选择性强，所获得的浮选指标好。十二胺体系最优浮选条件下菱镁矿精矿中的 MgO 品位为 45.81%，回收率为 73.62%，而菱镁矿精矿中的 SiO_2 品位为 2.08%，十二烷基磺酸钠体系最优浮选条件下，菱镁矿精矿中的 MgO 品位为 45.60%，回收率为 69.15%，而菱镁矿精矿中的 SiO_2 品位为 2.33%，菱镁矿石需进一步脱硅提质。

(2) 在十二胺浮选体系 pH 值为 8，水玻璃用量为 200 g/t，十二胺用量为 300 g/t 基础上，确定 TG-08 菌预处理菱镁矿石及浮选脱硅采用摇床培养，预处理后过滤掉培养基再反浮选的方式；选别菱镁矿石最佳条件为：培养基用量为 50 g 矿 100 mL，接菌量 10%，预处理时间为 3 d。

(3) 细菌预处理可有效改善菱镁矿石的反浮选脱硅效果，浮选精矿中 SiO_2 含量可由 2.03%降低至 1.28%，MgO 含量 46.37%，回收率 68.46%。

5 TG-08 菌预处理菱镁矿石反浮选脱硅机理研究

5.1 捕收剂与菱镁矿及石英的作用机理

5.1.1 十二胺与菱镁矿及石英的作用机理

红外吸收光谱是指物质对红外辐射的吸收强度按波长展开所得到的图形。红外光谱是药剂在矿物表面吸附形式和吸附机理分析的重要手段，通过吸收峰的位置以及特征吸收峰的强度等进行化学或物理的定性分析，从而确定药剂在矿物表面的存在与否及含量、分子的空间构型等问题。

图 5-1 为十二胺与十二胺醋酸盐的红外光谱图。从图 5-1 可看出，十二胺红外谱线上 3334 cm^{-1} 处为胺分子的 N—H 基的伸缩振动吸收峰，2849 cm^{-1} 和

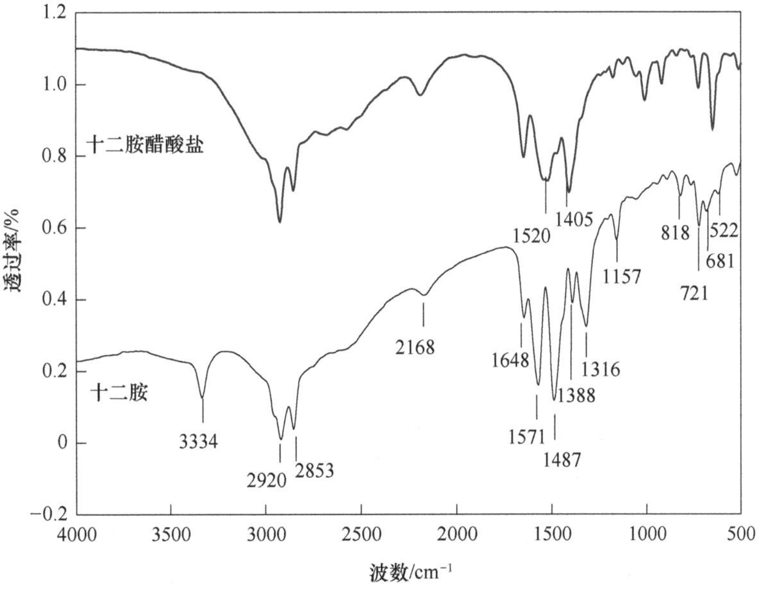

图 5-1 十二胺的红外光谱图

2917 cm^{-1} 分别为—CH_2 的不对称与对称伸缩振动吸收峰。1487 cm^{-1}、1571 cm^{-1}、1648 cm^{-1} 三处为—NH_2 的弯曲振动吸收峰，由于试验中十二胺由醋酸溶解，胺离子上 N 的 H 配位数改变，故红外光谱上的—NH_2 弯曲振动吸收峰位置有所漂移，从 1487 cm^{-1}、1571 cm^{-1} 处分别漂移至 1405 cm^{-1}、1520 cm^{-1} 处，且 3334 cm^{-1} 处的 N—H 拉伸振动吸收峰消失。

图 5-2 为菱镁矿与十二胺作用前后的红外光谱图。从图 5-2 可看出，1445 cm^{-1}、885 cm^{-1} 和 747 cm^{-1} 的吸收峰分别为菱镁矿的 CO_3^{2-} 的 C—O 不对称伸缩振动吸收峰、O—C—O 面外弯曲振动吸收峰和 O—C—O 面内弯曲振动吸收峰，3433 cm^{-1} 有羟基吸收峰存在。图 5-2 中的曲线 *b* 是菱镁矿与十二胺醋酸盐作用后的红外光谱，曲线 *c* 是菱镁矿与十二胺醋酸盐作用后经蒸馏水多次洗涤，与曲线 *a* 比较，曲线 *b* 中与十二胺的吸收峰对应波数附近，未见有明显的波峰出现，且曲线 *c* 中也无明显波峰，表明菱镁矿表面对十二胺未产生吸附或吸附很小。

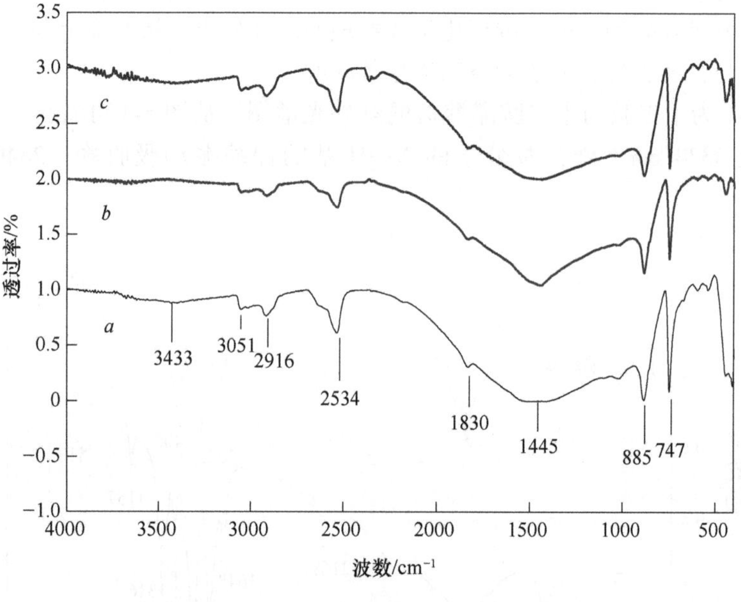

图 5-2　菱镁矿与十二胺醋酸盐作用前后的红外光谱图

a—菱镁矿；*b*—菱镁矿+十二胺醋酸盐；*c*—*b* 冲洗 3 次

图 5-3 为石英与十二胺醋酸盐作用前后的红外光谱图。如图 5-3 所示，当石英与十二胺醋酸盐作用后，1514 cm^{-1} 处出现胺盐态时的 N—H 拉伸振动吸收峰，说明有胺离子吸附存在。1696 cm^{-1} 处的吸收峰与胺分子的—NH_2 在 1648 cm^{-1} 处的弯曲振动吸收峰的位置是基本一致的。经过蒸馏水多次洗涤，新峰 1696 cm^{-1}

和 1514 cm^{-1} 消失（图 5-3 中的曲线 *c*），与曲线 *a* 无差别，因此可判断十二胺醋酸盐只在石英表面发生了物理吸附。

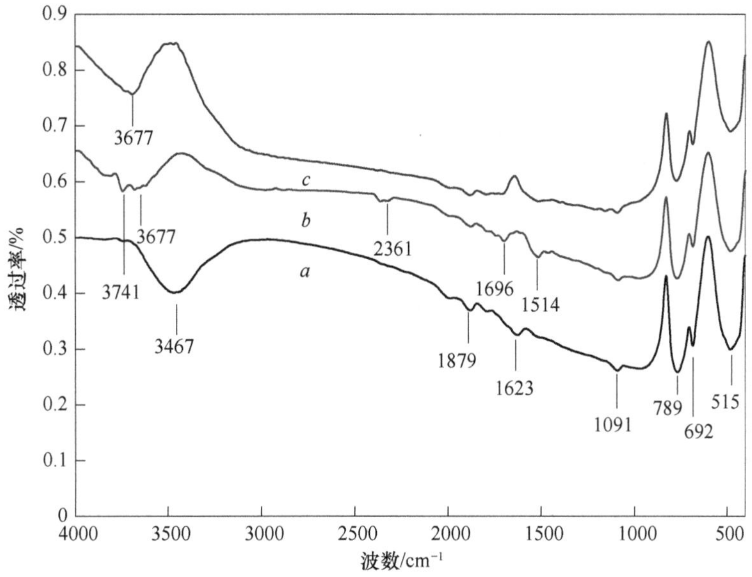

图 5-3　石英与十二胺醋酸盐作用前后的红外光谱图
a—石英；*b*—石英+十二胺醋酸盐；*c*—*b* 冲洗 3 次

菱镁矿饱和水溶液中存在如表 5-1 所示的平衡反应。

表 5-1　菱镁矿饱和水溶液中存在的平衡反应

反应方程式	平衡常数
$MgCO_3(s) = Mg^{2+} + CO_3^{2-}$	$K_s = 10^{-12.65}$
$Mg^{2+} + CO_3^{2-} = MgCO_3(aq)$	$K_1 = 10^{8.25}$
$Mg^{2+} + HCO_3^- = MgHCO_3^+$	$K_2 = 10^{7.33}$
$Mg^{2+} + OH^- = MgOH^+$	$\beta_1 = 10^{2.58}$
$H^+ + CO_3^{2-} = HCO_3^-$	$K_1^H = 10^{10.33}$
$H^+ + HCO_3^- = H_2CO_3$	$K_2^H = 10^{6.35}$
$H_2CO_3 = CO_2(g) + H_2O$	$K_0 = 10^{1.47}$

在大气中取 $p_{CO_3} = 10^{-3.5}$ atm(1 atm ≈ 101325 Pa)，则 $[H_2CO_3] = \frac{p_{CO_3}}{K_0} =$

$10^{-4.97}$，$\lg[H_2CO_3]=-4.97$，其余各组分与 pH 值的关系为：

$$\lg[HCO_3^-]=-4.97-\lg K_2^H+pH=-11.32+pH$$

$$\lg[CO_3^{2-}]=-11.32-\lg K_1^H+2pH=-21.65+2pH$$

$$\lg[Mg^{2+}]=\lg K_s-\lg[CO_3^{2-}]=9-2pH$$

$$\lg[MgCO_3(aq)]=\lg K_1+\lg[Mg^{2+}]+\lg[CO_3^{2-}]=-4.4$$

$$\lg[MgOH^+]=\lg[Mg^{2+}]+\lg\beta_1+\lg[OH^-]=1.75-pH$$

$$\lg[MgHCO_3^+]=\lg K_2+\lg[Mg^{2+}]+\lg[HCO_3^-]=3.75-pH$$

由此绘制出菱镁矿的溶解度对数图如图 5-4 所示。

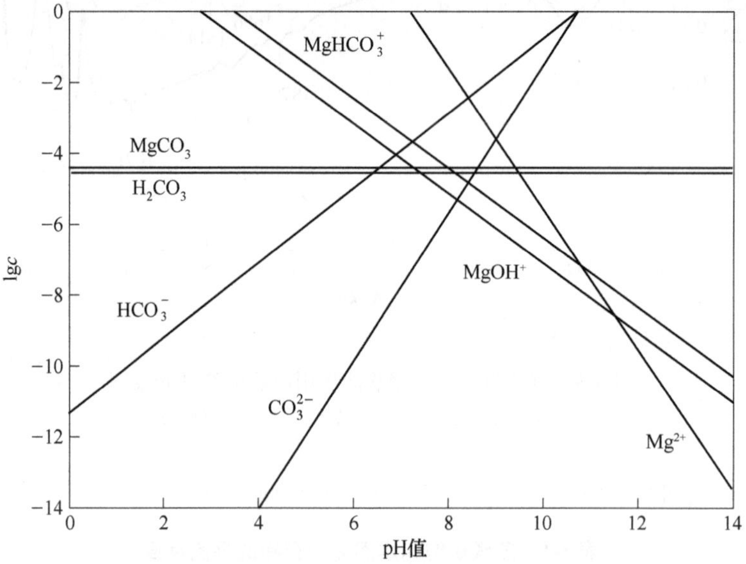

图 5-4　菱镁矿溶解组分浓度与 pH 值的关系

由图 5-4 可知，Ep(1,1)=6.5，即 $[MgOH^+]=[HCO_3^-]$ 时的 pH 值，与文献报道的菱镁矿零电点 PZC 一致。在 pH<6.54 区域，菱镁矿表面的定位离子可能是 $MgOH^+$，此时菱镁矿表面带正电，不利于阳离子捕收剂吸附；在 PZC 附近，HCO_3^- 和 $MgOH^+$ 是定位离子；在 6.54<pH<8.24 区域，随 pH 值升高，矿浆中 Mg^{2+}浓度下降，HCO_3^- 和 CO_3^{2-} 浓度不断升高，但 Mg^{2+}浓度仍较 HCO_3^- 和 CO_3^{2-} 浓度高，此时菱镁矿表面荷正电，不利于阳离子捕收剂吸附。

5.1.2　十二烷基磺酸钠与菱镁矿及石英的作用机理

图 5-5 为十二烷基磺酸钠的红外光谱图。3617 cm^{-1} 和 3450 cm^{-1} 为—OH 的伸缩振动吸收峰，2920 cm^{-1} 和 2851 cm^{-1} 的两个吸收峰是—CH_2—中 C—H 键的

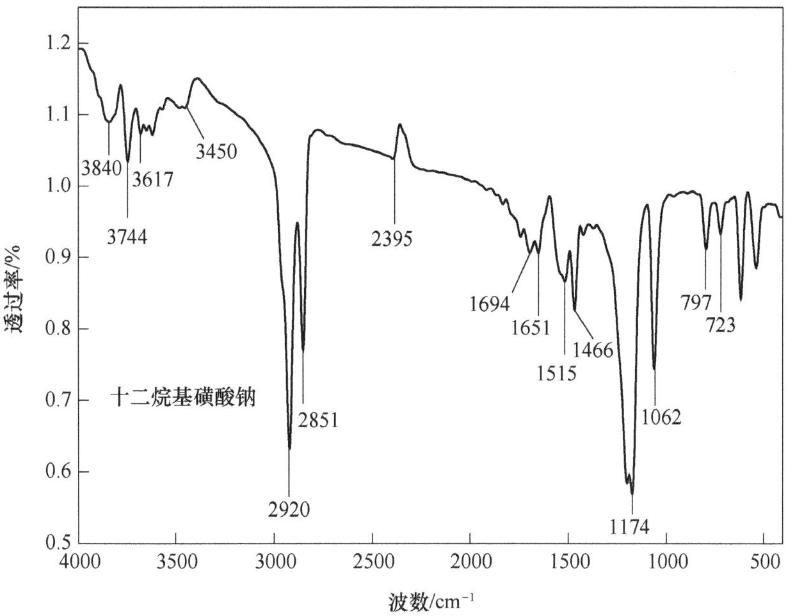

图 5-5 十二烷基磺酸钠的红外光谱图

不对称伸缩振动和对称伸缩振动吸收峰，1694 cm^{-1} 和 1651 cm^{-1} 为 H—OH 的变形振动吸收峰，1515 cm^{-1} 和 1466 cm^{-1} 为—CH_2—的变形振动吸收峰和—CH_2—的对称变形振动吸收峰，1174 cm^{-1} 和 1062 cm^{-1} 为 S—O 的不对称伸缩振动吸收峰，797 cm^{-1} 和 723 cm^{-1} 为—CH_2—面内摇摆振动吸收峰。

图 5-6 为菱镁矿与十二烷基磺酸钠作用前后的红外光谱图。从图 5-6 可看出，1445 cm^{-1}、885 cm^{-1} 和 747 cm^{-1} 的吸收峰分别为菱镁矿的 CO_3^{2-} 的 C—O 不对称伸缩振动吸收峰、O—C—O 面外弯曲振动吸收峰和 O—C—O 面内弯曲振动吸收峰。图 5-6 的曲线 *b* 是菱镁矿与十二烷基磺酸钠作用后的红外光谱，曲线 *c* 是菱镁矿与十二烷基磺酸钠作用后经蒸馏水多次洗涤，与曲线 *a* 比较，曲线 *b* 和曲线 *c* 中与十二烷基磺酸钠的吸收峰对应波数附近，未见有明显的波峰出现，表明菱镁矿表面对十二烷基磺酸钠未产生吸附或吸附很小。

图 5-7 为石英与十二烷基磺酸钠作用前后的红外光谱图。如图 5-7 所示，曲线 *a*、曲线 *b*、曲线 *c* 在 778 cm^{-1}、694 cm^{-1}、459 cm^{-1} 处均出现了 Si—O 键的红外特征谱。其中，曲线 *b*、曲线 *c* 在 3837 cm^{-1}、3736 cm^{-1} 等处出现 O—H 的特征吸收峰，这是由于石英与药剂作用时吸附了结晶水的羟基红外特征谱带。此外，并没有出现新的较明显的特征峰，由此可推断，采用十二烷基磺酸钠捕收石英时，捕收剂在石英表面吸附很小或者未吸附。

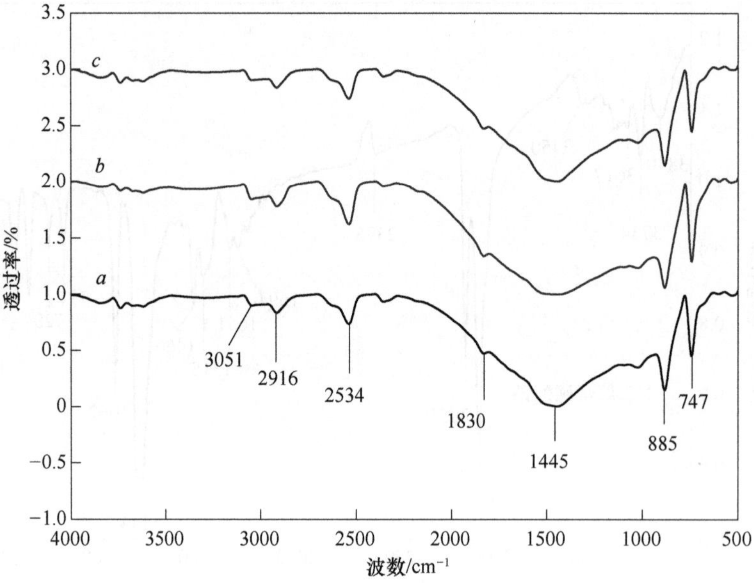

图 5-6　菱镁矿与十二烷基磺酸钠作用前后的红外光谱图

a—菱镁矿；*b*—菱镁矿+十二烷基磺酸钠；*c*—*b* 冲洗 3 次

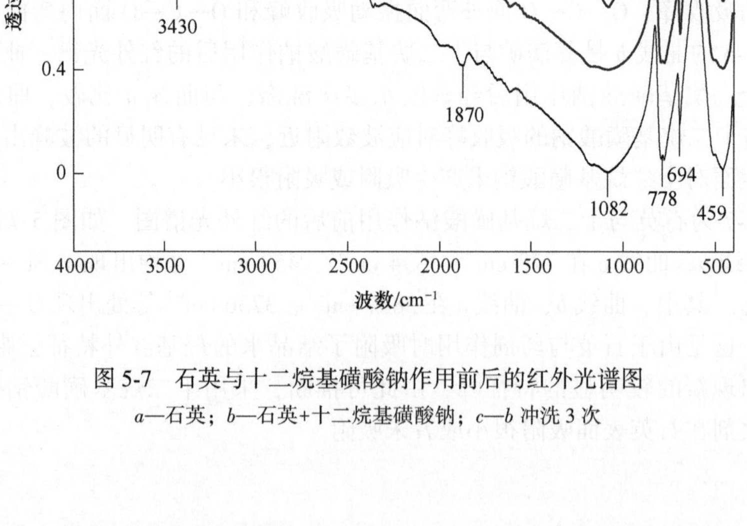

图 5-7　石英与十二烷基磺酸钠作用前后的红外光谱图

a—石英；*b*—石英+十二烷基磺酸钠；*c*—*b* 冲洗 3 次

5.2 TG-08 菌对菱镁矿石的作用机理

5.2.1 TG-08 菌预处理浮选精矿 XRD 和 XRF 分析

TG-08 菌不同预处理时间对菱镁矿石反浮选脱硅的效果不同，对浮选精矿进行 XRD 和 XRF 分析，结果见图 5-8 和表 5-2。

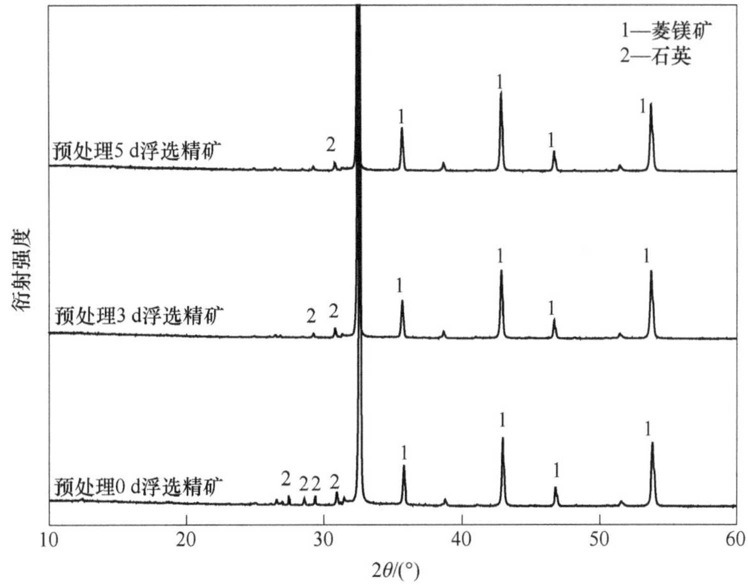

图 5-8 TG-08 菌预处理菱镁矿石浮选精矿 X 射线衍射分析图谱

表 5-2 浮选精矿化学多元素分析结果 (%)

元素	MgO	SiO_2	CaO	Fe_2O_3	P_2O_5	Al_2O_3	SO_3	CO_2
预处理 0 d 时浮选精矿	45.81	2.08	1.92	0.94	0.11	0.76	0.06	48.31
预处理 3 d 时浮选精矿	46.37	1.28	1.10	0.54	0.03	0.4	0.03	50.14
预处理 5 d 时浮选精矿	46.29	1.42	0.99	0.87	0.01	0.42	0.03	49.96

从表 5-2 中可以看出，TG-08 菌预处理菱镁矿石反浮选的精矿中 SiO_2 的品位明显降低，相同浮选制度下，预处理时间长的精矿中硅的品位低。微生物预处理的菱镁矿溶液中可溶性 SiO_2 含量的增加，说明 TG-08 菌可以溶解菱镁矿石中的硅。从图 5-8 所示，TG-08 菌预处理后，菱镁矿石峰形不变，但强度减弱，结晶度降低。

5.2.2　TG-08 菌预处理菱镁矿石分析

TG-08 菌预处理菱镁矿石和石英试验：取 250 mL 三角烧瓶，添加 5 g 矿物，90 mL 部分培养基，接种 10 mL 生长对数期硅酸盐细菌，在摇床里振荡培养。监测接菌的菱镁矿石溶液以及石英溶液的 pH 值和溶出 Si。分析结果见图 5-9 和图 5-10。

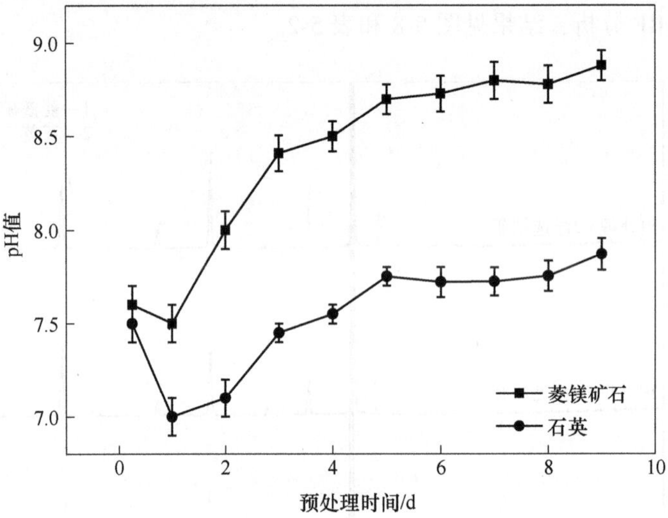

图 5-9　TG-08 菌预处理菱镁矿石和石英溶液 pH 值随时间的变化曲线

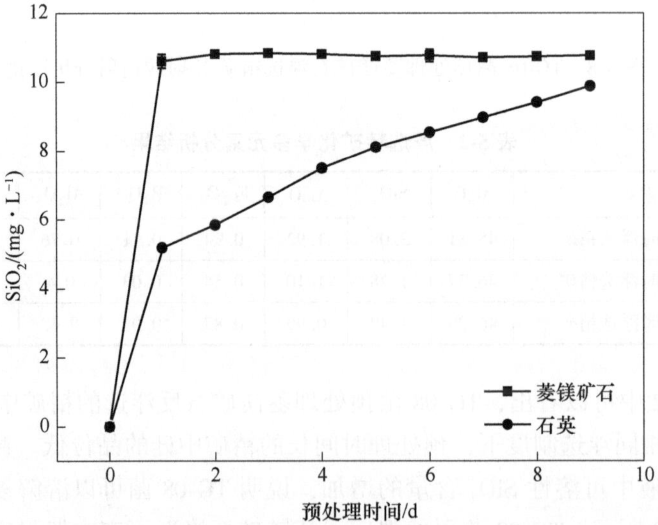

图 5-10　TG-08 菌预处理菱镁矿石和石英溶液中 Si 的含量随时间的变化曲线

图 5-9 显示，在菱镁矿石生物预处理的初始阶段，溶液的 pH 值随着少量酸的产生而降低。随后，来自菱镁矿石的钙离子和镁离子的溶解导致溶液中的 pH 值增加。石英生物预处理溶液的初始 pH 值为 7.5，24 h 后降至 7.0，表明溶液中产生了酸。菱镁矿的溶解消耗酸，而石英耗酸少，这导致石英溶液的 pH 值较低。

图 5-10 中可以看出，TG-08 菌预处理菱镁矿石初期，溶液中硅含量明显上升，随后溶液中硅含量变化不明显是因为硅酸盐细菌以硅为营养物质。TG-08 菌预处理石英初期，溶液中的硅含量增加，说明 TG-08 菌处理石英时释放了硅。TG-08 菌预处理溶液中硅含量的增加表明了 TG-08 菌对硅酸盐矿物起到溶解作用，但溶液中硅含量不多，表明 TG-08 菌对矿物的溶液作用不显著。浮选时精矿中 SiO_2 的含量显著降低，说明 TG-08 菌预处理改变了矿物表面的物理化学性质，使得十二胺对石英捕收性能变强。

TG-08 菌不同预处理时间下菱镁矿石和石英的显微镜下观察结果见图 5-11。

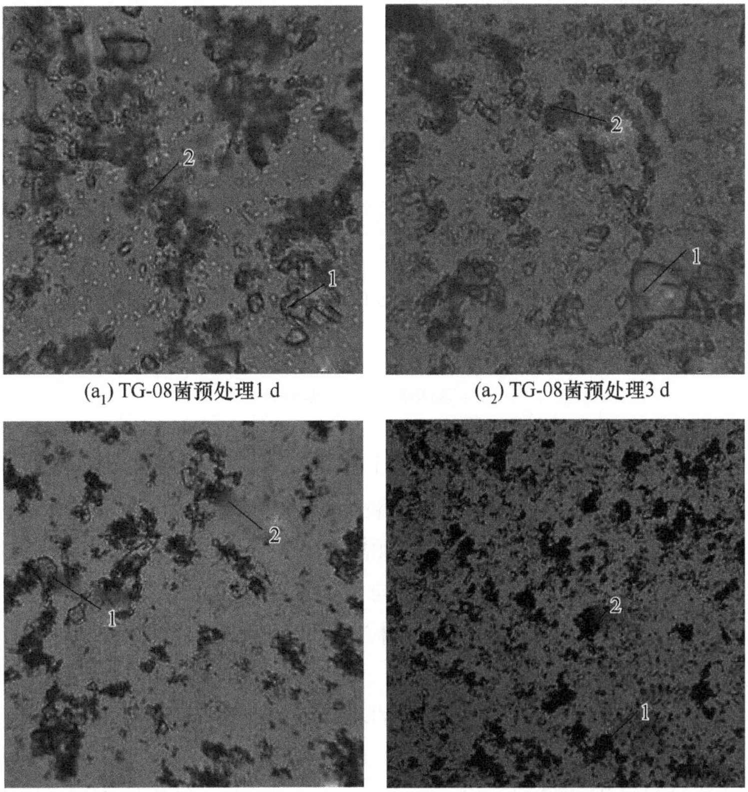

(a_1) TG-08菌预处理1 d　(a_2) TG-08菌预处理3 d

(a_3) TG-08菌预处理5 d　(a_4) TG-08菌预处理9 d

（a）菱镁矿石经 TG-08 菌预处理不同时间下的显微镜图

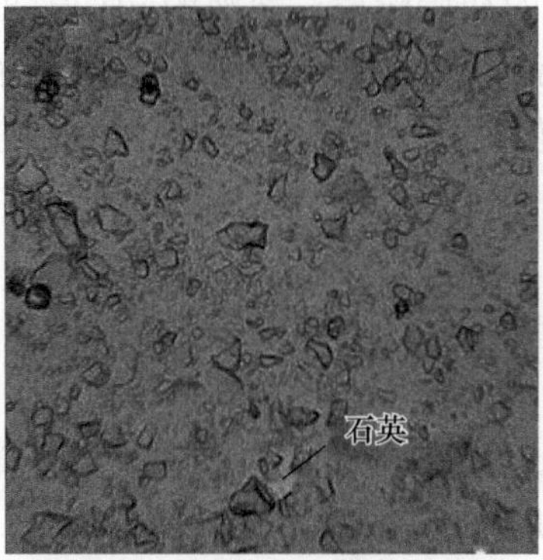

(b_1) TG-08菌预处理1 d

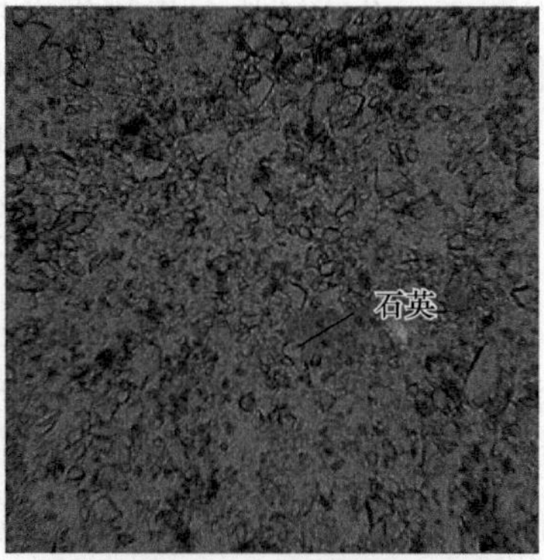

(b_2) TG-08菌预处理3 d

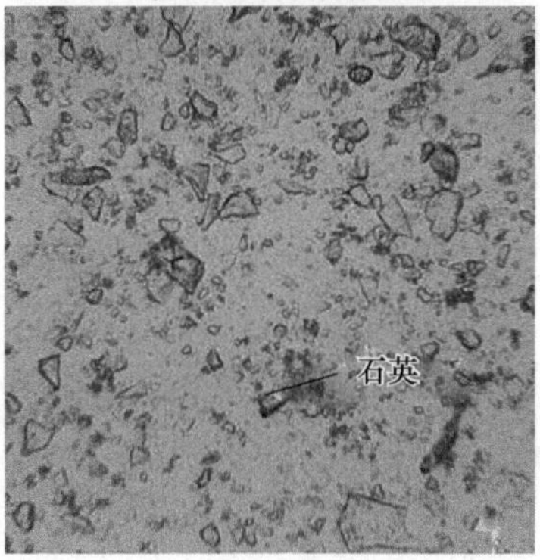

(b_3) TG-08菌预处理5 d

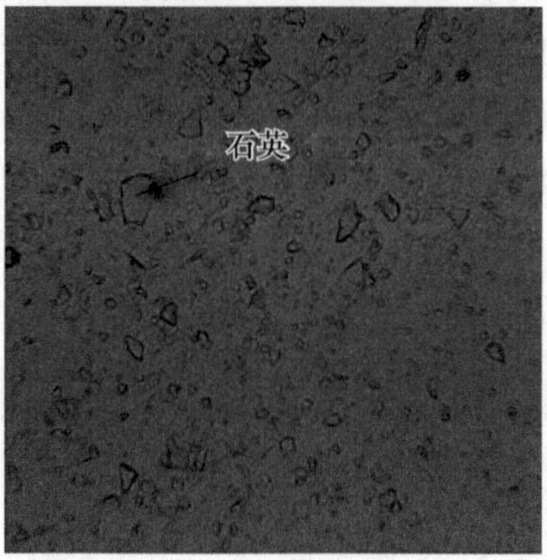

(b_4) TG-08菌预处理9 d

（b）石英经 TG-08 菌预处理不同时间下的显微镜图

扫码看彩图

图 5-11　菱镁矿石和石英在 TG-08 菌预处理不同时间下的显微镜图

1—菱镁矿石；2—絮凝物

从图 5-11（a）中可以看出，当 TG-08 菌预处理菱镁矿石的时间增加时，单位面积下，视野内的絮状物增多，硅酸盐细菌生长活跃，而菱镁矿石预处理溶液中营养成分仅为蔗糖和磷酸氢二钠，说明菱镁矿石中的 Al、Fe 等细菌生长的必要元素也被溶蚀。图 5-11（a）结果与图 6-1 结果吻合，硅酸盐细菌溶解菱镁矿石中的硅酸盐矿物，将菱镁矿石从颗粒状态转变为絮凝状态，降低了菱镁矿石的结晶度。

图 5-11（b）表明 TG-08 菌预处理的石英均匀地分散在溶液中。Zeta 试验表明，TG-08 菌预处理后，在 pH 值为 7. 5 时，石英的 Zeta 电位仍呈负电性，这种结果使石英在溶液中均匀分布。如图 5-11（b）所示，石英形态没有变化，尽管预处理 3 d 后，浮选精矿中二氧化硅的含量较低，如表 5-2 所示。显然，当十二胺作为捕收剂时，含硅矿物的可浮性增强。

TG-08 菌不同预处理时间对菱镁矿石和石英红外分析结果见图 5-12。

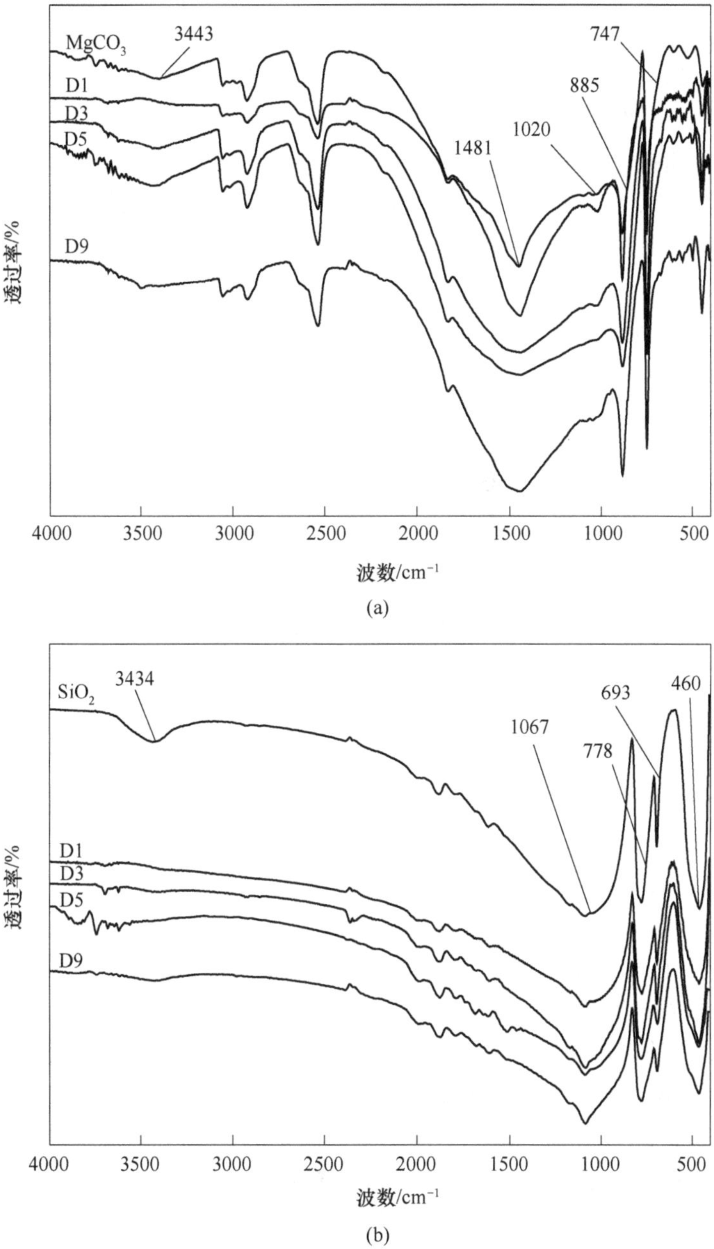

图 5-12 菱镁矿石和石英在不同预处理时间下的红外谱图

D1—TG-08 菌预处理 1 d；D3—TG-08 菌预处理 3 d；

D5—TG-08 菌预处理 5 d；D9—TG-08 菌预处理 9 d

图 5-12（a）中菱镁矿石的红外光谱，1481 cm^{-1}、885 cm^{-1} 和 747 cm^{-1} 分别为菱镁矿 CO_3^{2-} 的 C—O 不对称伸缩振动吸收峰、O—C—O 面外弯曲振动吸收峰和 O—C—O 面内弯曲振动吸收峰，3434 cm^{-1} 有羟基吸收峰存在，说明样品有水分[131]。在 1200~850 cm^{-1} 和 500~400 cm^{-1} 有两个强吸收带，说明菱镁矿中含有硅酸盐矿物，1020 cm^{-1} 为 Si—O 伸缩振动，540 cm^{-1}、442 cm^{-1} 为 Si—O—Si、O—Si—O 弯曲振动。TG-08 菌预处理菱镁矿石 72 h 后，1020 cm^{-1} 处仍可见 Si—O 的吸收峰；而处理时间到 120 h 后，1020 cm^{-1} 处的吸收峰消失，可知 TG-08 菌能够溶蚀菱镁矿石中的硅酸盐矿物。

图 5-12（b）显示了石英的红外光谱。在 1067 cm^{-1} 处的透射频带分配的 Si—O 非对称伸缩振动峰，在 778 cm^{-1} 和 693 cm^{-1} 处对应的 Si—O 键的对称伸缩振动峰，在 460 cm^{-1} 处的频带分配给 Si—O 弯曲振动峰带。在 3434 cm^{-1} 处的羟基吸收峰表明样品含有水分子[132]。随着石英 TG-08 菌预处理时间增加，石英在 1067 cm^{-1}、778 cm^{-1}、693 cm^{-1}、460 cm^{-1} 处透光度减弱，峰值强度下降，说明石英在硅酸盐细菌溶液中溶解。

Zeta 电位是描述离子吸附和双层带电粒子之间相互作用的特别重要的物理化学参数[133]。Zeta 电位测定：采用 JS94H 型微型电位仪测定不同 pH 值（1~11）下菱镁矿和石英以及经 TG-08 菌分散处理后的菱镁矿和石英悬浮液 Zeta 电位，试验温度 25 ℃。图 5-13（a）和（b）分别显示了菱镁矿和石英在 pH=1~11 时的 Zeta 电位。

碳酸镁胶体系统中，电位决定离子为矿物表面的 Mg^{2+}、CO_3^{2-} 和这些离子的水合离子或羟基离子，当 $MgCO_3$ 的 Zeta 电位为正值时，在矿物表面 H^+ 消耗的量大于 OH^-，这意味着在平衡时，矿物表面的 Mg^{2+} 大于 CO_3^{2-}。当 $MgCO_3$ 的 Zeta 电位为负值时，表明 Mg^{2+} 富集到了带正电荷的表面。从图 5-13（a）中可以看出，在 pH 值低于 8.5 时，矿物表面的 Zeta 电位为正值，这是因为 pH 值低于 8.5 时，矿物会溶解，固相减少，其表面的 Mg^{2+} 浓度相对较低。当 pH 值大于 8.5 时，矿物的 Zeta 电位开始降低，这是因为 pH 值增加使得大量的 OH^- 结合了矿物表面的 Mg^{2+}，使 Mg^{2+} 浓度降低，从而降低其表面电位。同时，菱镁矿本身具有吸附作用，会吸附溶液中大量存在的 CO_3^{2-}，使其表面 Zeta 电位降低。

由图 5-13（a）可知，微生物作用对菱镁矿的表面电性影响很大，使菱镁矿的 Zeta 电位明显向负方向移动，因为微生物分泌的亲水团的多糖吸附到了菱镁矿表面，使菱镁矿表面负电荷增多，导致菱镁矿亲水沉淀，这个结果与 Natarajan 和 Namita[134] 的研究结果相似，他们发现与 *Paenibacilluspolymyxa* 作用后，细菌的多糖主要吸附在了方解石表面。这与图 5-4 中溶出离子结果相一致，即菱镁矿表面阳离子溶出得越多，其残余固体表面负电荷越多，导致 Zeta 电位向负方向移动。

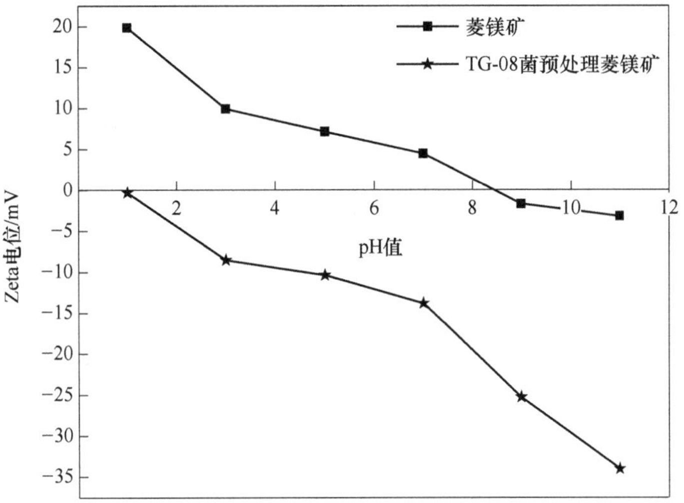

(a) 菱镁矿

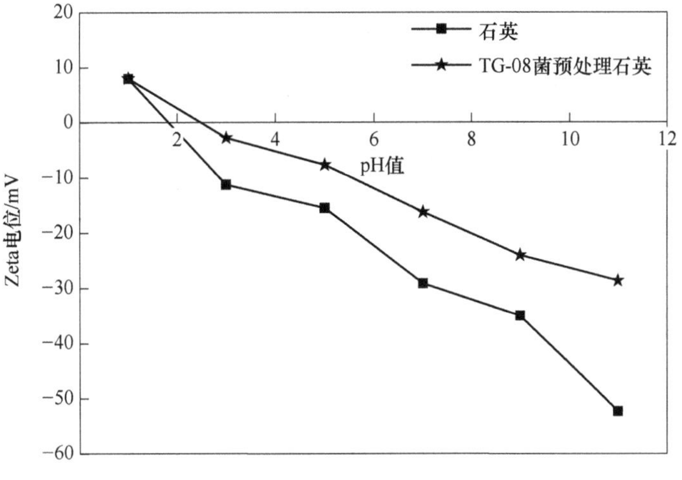

(b) 石英

图 5-13 生物预处理前后菱镁矿（a）和石英（b）的 Zeta 电位

从图 5-13（b）中可见，石英表面 Zeta 电位在 pH = 1 ~ 11 范围内都表现为负电性，且 Zeta 电位随溶液的 pH 值增加而减小，Zeta 电位是导致胶体聚集稳定的直接原因，溶液中有如下溶解平衡和电离平衡：

溶解平衡：$SiO_2 + 2H_2O = H_4SiO_2$

电离平衡：$H_4SiO_2 = H^+ + H_3SiO_4^-$

$H_3SiO_4^-$ 是溶解体系中主要离子，随着体系 pH 值增加，$H_3SiO_4^-$ 浓度增加，石英表面 Zeta 电位减小。反之，随着 pH 值减小，$H_3SiO_4^-$ 浓度减小，石英表面负电性减小，Zeta 电位增大[135]。

石英表面含有大量的 Si—O 键，会影响体系的氧化还原电位。在微生物的作用下，石英表面的 Zeta 电位向正电荷方向移动，使等电点偏移到 pH = 2. 5 左右。使石英 Zeta 电位向正电荷移动可能是因为形成了带正电荷的铁的氢氧化物和硅的氢氧化物吸附在石英表面[136-137]；大量文献报道，细菌的等电点在 2～5 之间，可能是细菌吸附到了石英的表面，从而赋予了石英细菌的某些性质，改变了其表面的亲水性[138]。

Zeta 电位表明，生物预处理后菱镁矿和石英的表面电荷相似。据报道，十二烷基胺以静电作用吸附在矿物表面[139]。当菱镁矿石和石英预处理时，十二烷胺的选择吸附性能下降，实际浮选效果优于理论结果。微生物代谢产物在石英和菱镁矿表面的吸附差异是两种矿物浮选差异的主要原因。

将矿物或岩石标本磨制成薄片，在偏光显微镜下观察矿物的结晶特点，测定其光学性质，研究它的结构、构造，也是矿物分析的一种常用方法。TG-08 菌不同预处理时间下菱镁矿石和石英的偏光显微镜图见图 5-14。

(a) 菱镁矿石经TG-08菌预处理1 d

(b) 菱镁矿石经TG-08菌预处理5 d

(c) 菱镁矿石经TG-08菌预处理9 d

(d) 石英经TG-08菌预处理1 d

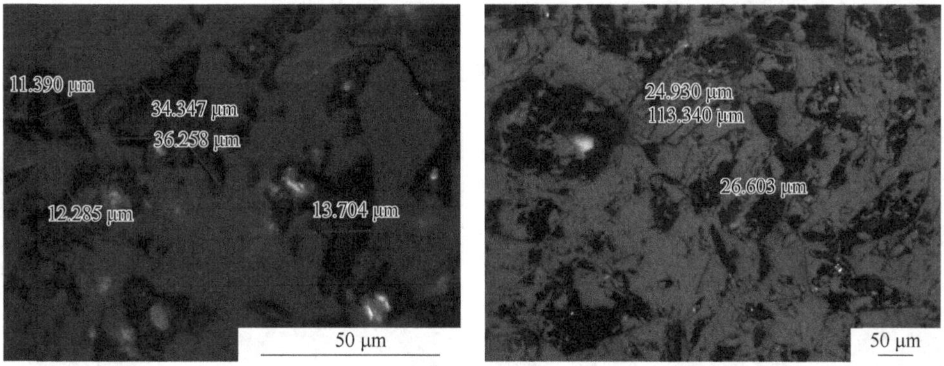

(e) 石英经TG-08菌预处理5 d

(f) 石英经TG-08菌预处理9 d

图 5-14　菱镁矿石和石英预处理不同时间的偏光显微镜图

扫码看彩图

从图 5-14 中可以看出，菱镁矿石经 TG-08 菌预处理后，同一视野范围内，石英的变化不大，而石英经 TG-08 菌预处理后，同一视野范围内，大颗粒的石英含量变少。

TG-08 菌不同预处理时间下对菱镁矿石浸出的电镜分析结果见图 5-15。

(a) TG-08菌预处理菱镁矿石1 d

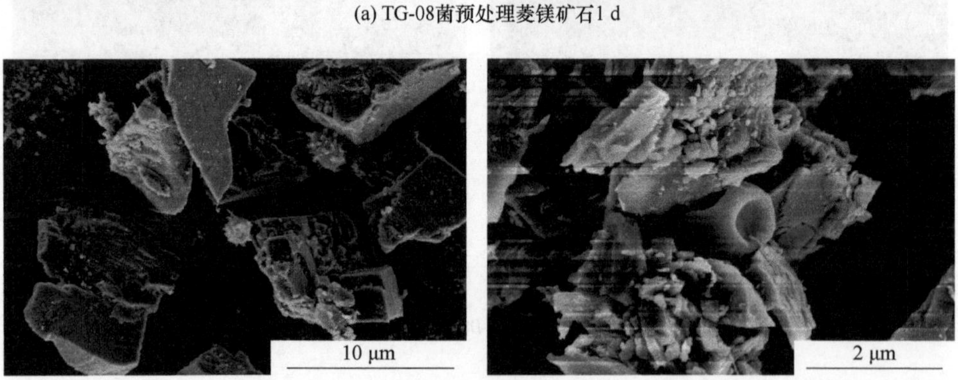

(b) TG-08菌预处理菱镁矿石2 d

(c) TG-08菌预处理菱镁矿石3 d

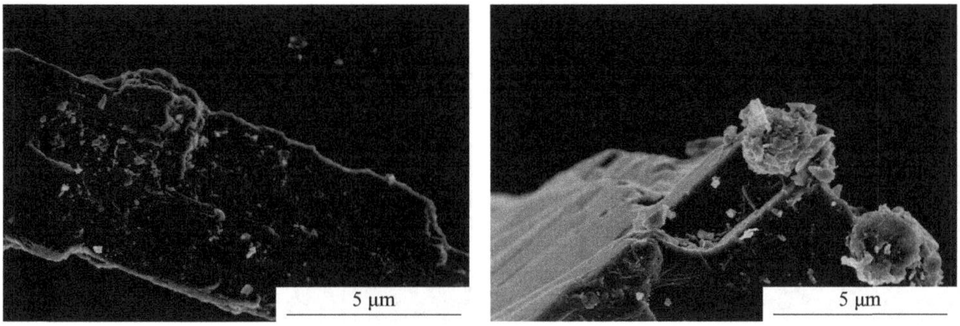

(d) TG-08菌预处理菱镁矿石4 d

(e) TG-08菌预处理菱镁矿石5 d

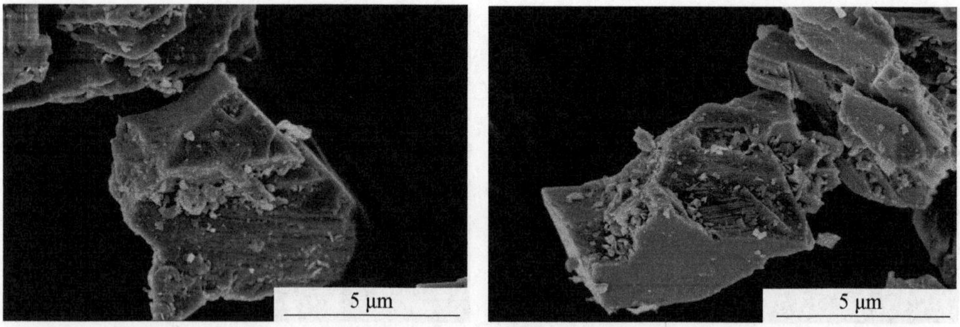

(f) TG-08菌预处理菱镁矿石6 d

(g) TG-08菌预处理菱镁矿石7 d

图 5-15　TG-08 菌预处理菱镁矿石不同时间的扫描电镜图与能谱图

扫码看彩图

对于硅酸盐细菌预处理提高矿物浮选回收率的机理的研究存在两种观点[140-141]：一是认为硅酸盐细菌可破坏矿物晶格，使脉石硅骨架解体，释放出阳离子银，从而提高了银的回收率[95]；二是认为硅酸盐细菌可产生胞外多糖，铝硅酸盐矿物存在时刺激细菌分泌出更多的胞外多糖，这些胞外多糖起到了生物浮选药剂的作用[142]。结合 FTIR 和 SEM-EDX 分析结果，硅酸盐细菌产生胞外多糖，起到生物浮选药剂作用的说法更符合实际。

图 5-15 显示了菱镁矿石在 TG-08 菌不同预处理时间下的背散射电子图像。TG-08 菌与菱镁矿石作用，在反应发生的 24 h 后，可以明显看到矿物上有非矿物质附着，随着反应时间的增长，矿物表面的非矿物质没有明显增加的趋势。从冷场发射扫描电镜的图片上可以看出，微生物主要附着于矿物表面层状断口处。SEM 显微照片选择的区域显示无 TG-08 菌吸附到菱镁矿颗粒表面，但菱镁矿表面有新物质的附着，硅酸盐细菌分泌物主要为蛋白质和多糖[143-144]，由能谱图可知，其主要成分为 C、O 元素，无蛋白质必要元素 N，所以新物质为胞外多糖。经 TG-08 菌预处理的菱镁矿，多糖附着于菱镁矿颗粒表面增加其亲水性，使其表面

亲水沉淀。Prakasan[145]的研究还表明，石英吸附多糖的能力很差。此外，多糖溶蚀后的石英在溶液中呈均匀分布，十二胺为捕收剂浮选时，更易捕收石英。

5.2.3 TG-08 菌预处理石英分析

TG-08 菌预处理菱镁矿石和石英的对比分析结果可知，TG-08 菌被有效地用于改善菱镁矿石的脱硅。在 TG-08 菌预处理后，菱镁矿表面变得亲水。TG-08 菌对菱镁矿石和石英的溶解有促进作用，且 TG-08 菌分泌的多糖促进了石英与菱镁矿的分离。为了更清晰地说明 TG-08 菌对石英的分离促进作用，对石英矿物单独进行试验。

取 250 mL 三角烧瓶，添加 50 g 石英，100 mL 亚历山大罗夫培养基，接种 10%对数期 TG-08 菌，摇床转数 140 rpm，恒温 30 ℃，振荡培养；对比试验：取 250 mL 三角烧瓶，添加 50 g 石英，100 mL 亚历山大罗夫培养基，不接种 TG-08 菌，摇床转数 140 rpm，恒温 30 ℃，振荡培养。

对比试验溶液 pH 值的变化、溶液中 Si 元素含量的变化分别见图 5-16、图 5-17。

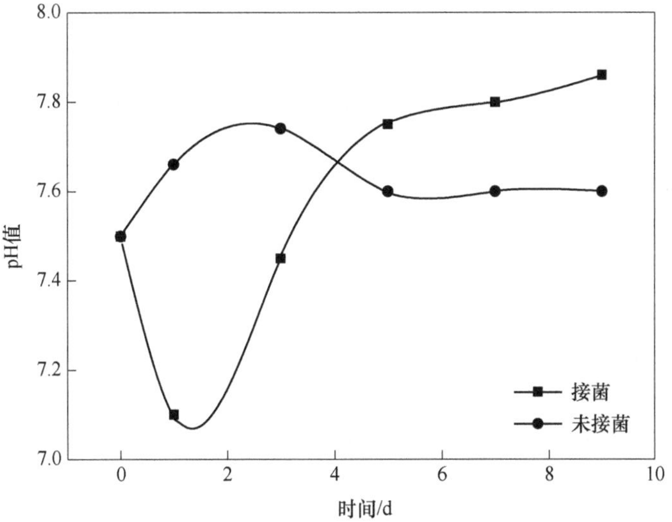

图 5-16 不同溶液中 pH 值随时间的变化曲线

由图 5-16 可知，接菌溶液中，起始 pH 值为 7.5，24 h 后，溶液 pH 值降至 7.0，说明溶液中有酸产生，随后 pH 值伴随处理时间的增长而升高，说明溶液中的硅酸根离子与培养基中的钠离子结合；未接菌溶液中的 pH 值初始为 7.5，随着时间的增加，溶液 pH 值保持在 7.6，可见未接菌的石英在弱碱性溶液中离子变化较小。

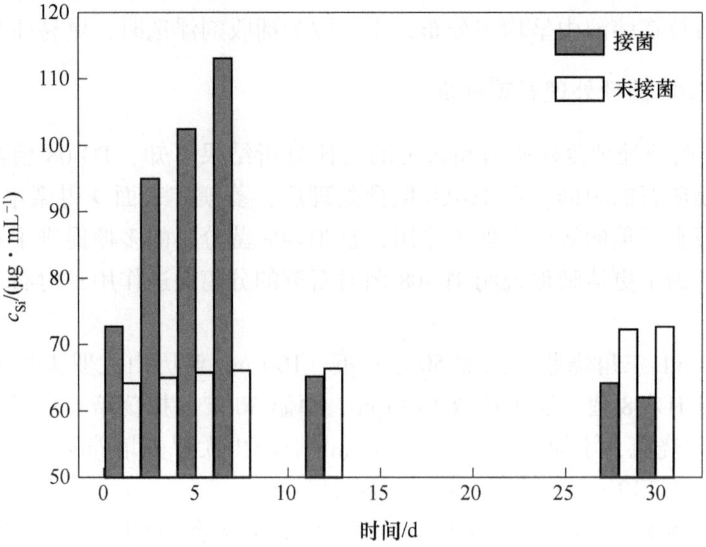

图 5-17　不同溶液中 Si 元素的含量随时间的变化曲线

由图 5-17 可知，前 7 d，接菌溶液中 Si 含量随 TG-08 菌处理时间增长而增加，且增加含量明显高于不接菌的溶液，说明 TG-08 菌可以溶蚀石英，浸出第 3 d 时，溶液中 Si 元素含量为 94. 97 μg/mL，浸出第 7 d 时，溶液中 Si 元素含量为 113. 06 μg/mL，达到最高值。试验过程中培养基用量保持不变，随着 TG-08 菌处理时间的延长，接菌溶液中 Si 含量降低，TG-08 菌为异养生长，导致接菌溶液中 Si 含量的降低。未接菌石英溶液的 pH 值偏碱性，当石英表面 Si—OH 基团未被完全酸化为 $Si\text{-}OH_2^+$ 时，石英溶解速率随 pH 值变化不大，未接菌溶液中 Si 元素含量上升不明显。TG-08 菌属于典型的革兰氏阴性菌，细胞壁中主要成分有肽聚糖、脂多糖、脂蛋白、酶等，与矿物作用时最先起反应的是菌体的最外层质膜，当 TG-08 菌与石英作用时，通过分泌胞外产物或吸附在石英表面形成生物膜，从而加速 Si 的溶出。

TG-08 菌预处理石英和 TG-08 菌未处理石英，对应显微镜图见图 5-18。

从图 5-18 中可以看出，当 TG-08 菌预处理石英的时间增长时，接菌溶液中石英细颗粒被絮凝状物体包裹，结合 Zeta 表面电位的变化，可以推断石英溶液中硅的溶出，使其表面呈现负电荷状态，导致石英在溶液中均匀分布。接菌溶液中，显微镜下石英形态未变化，结合微生物预处理浮选结果，浮选精矿中处理 3 d 的硅含量更低，说明十二胺为捕收剂时，含硅矿物可浮性提高。未接菌溶液中石英在显微镜下无明显变化。

TG-08 菌预处理和未处理石英，对应 X 射线分析衍射图见图 5-19。

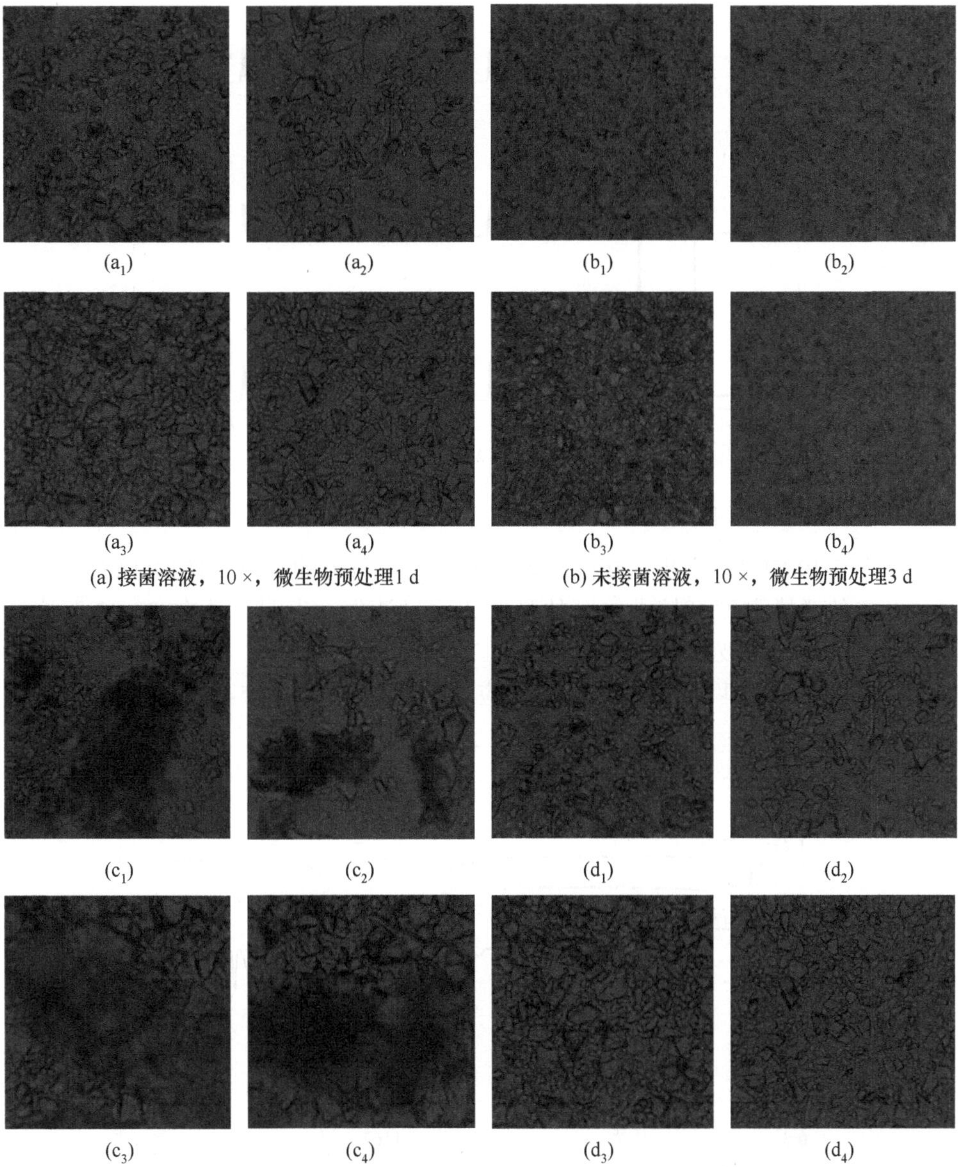

(a) 接菌溶液，10 ×，微生物预处理1 d　　(b) 未接菌溶液，10 ×，微生物预处理3 d

(c) 接菌溶液，40 ×，微生物预处理5 d　　(d) 未接菌溶液，40 ×，微生物预处理9 d

图 5-18　不同溶液随时间变化的显微镜图

扫码看彩图

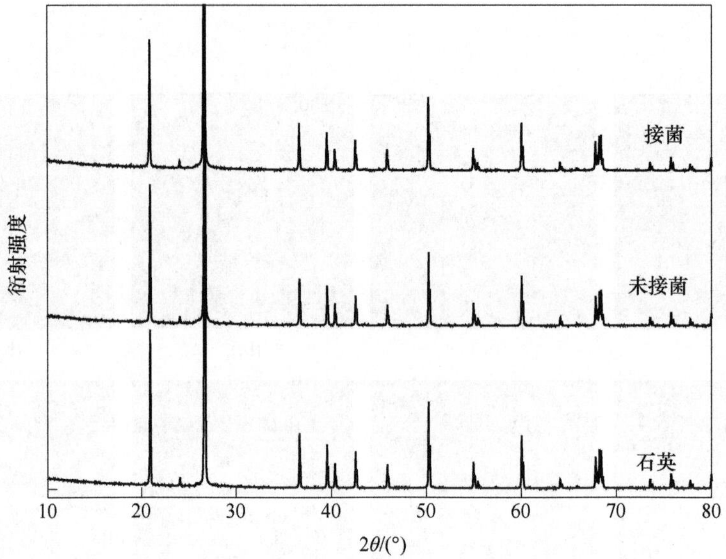

图 5-19　不同溶液中石英的 X 射线分析衍射图

从图 5-19 中可以看出，接菌和未接菌溶液中石英的 XRF 图均可以看出石英晶体结构的锐峰强度有较大幅度的降低或明显消失，表明石英在 TG-08 菌溶液中，晶体结构受到破坏。

TG-08 菌预处理和未处理石英，对应红外光谱分析见图 5-20。

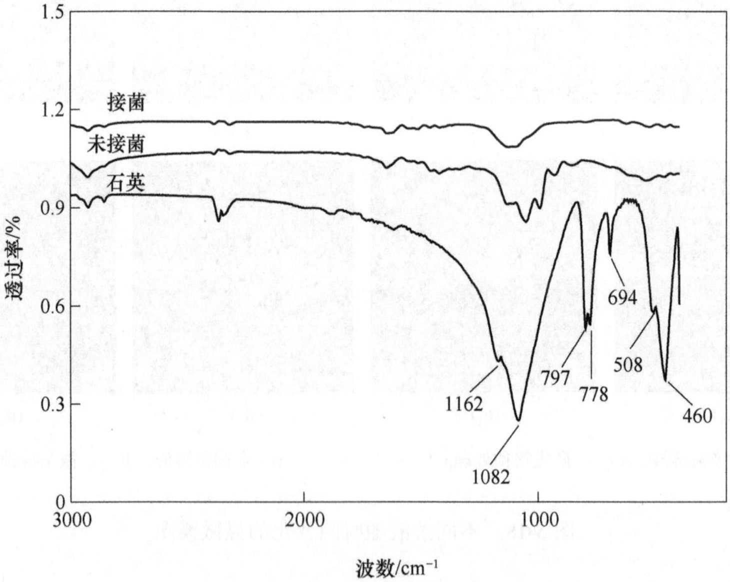

图 5-20　不同溶液中石英的红外谱图

图 5-20 中石英的红外光谱，1162 cm^{-1} 和 1082 cm^{-1} 处分别为无定型和结晶型二氧化硅中 Si—O 的非对称伸缩振动，797 cm^{-1} 和 778 cm^{-1} 为无定型二氧化硅的特征谱带，694 cm^{-1}、508 cm^{-1} 和 460 cm^{-1} 为结晶型二氧化硅的特征谱带，接菌溶液和未接菌溶液在 3400 cm^{-1} 有羟基吸收峰存在，说明样品有水分。石英在接菌和未接菌溶液中浸出 5 d 后，797 cm^{-1}、778 cm^{-1}、694 cm^{-1}、508 cm^{-1} 和 460 cm^{-1} 处透过率均降低，峰强变弱，可知其中二氧化硅由结晶型转为无定型，且在接菌溶液中转变的二氧化硅更多，可知硅酸盐细菌可以溶解石英。

分散试验：将 2.5 g 矿样添加到装在量筒中的 250 mL 细菌悬浮液中，在离心分离后获得细菌悬浮液。在添加矿物前，调节菌液的 pH 值。量筒上下颠倒 20 次，静置。对不同时间的同一高度的悬浮液用浊度计测定，结果见图 5-21。

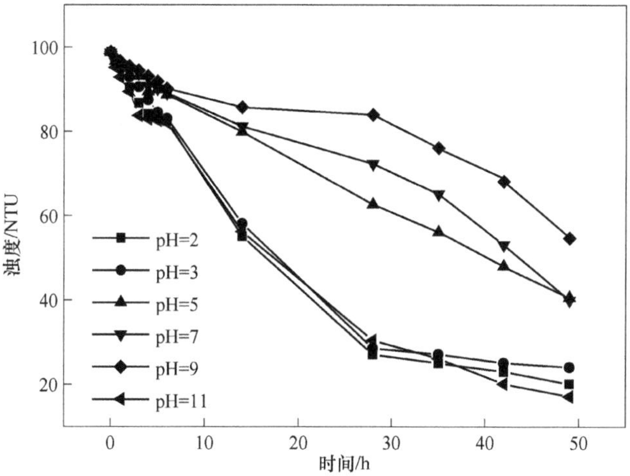

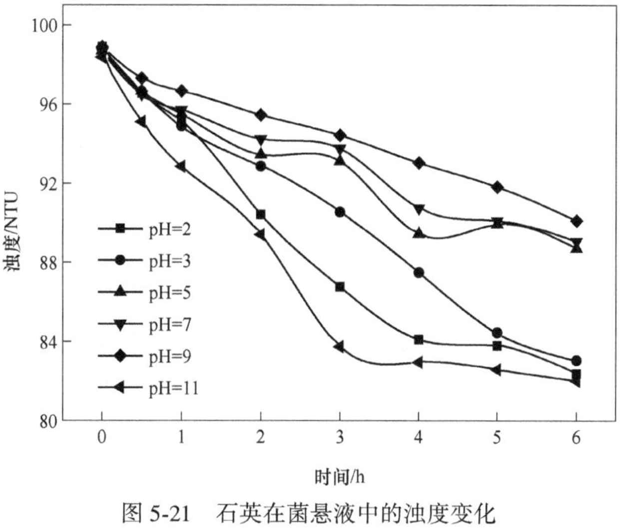

图 5-21 石英在菌悬液中的浊度变化

从图 5-21 中可以看出，相同浓度的石英菌悬液，初始浊度接近 100 NTU，当 pH 值为 2、3、11 极性条件时，溶液浊度变化大，前 6 h，溶液浊度下降超过 15%，随着溶液沉降时间的增加，溶液浊度下降快且明显，24 h 溶液浊度下降超过 70%，最终浊度下降达 80%，说明石英在极性条件的菌悬液中分散效果不明显；pH 为 5、7、9 中性条件时，初始沉降的 6 h 内，溶液浊度下降不超过 10%，可见石英的分散效果好，且分散程度与 pH 值成正比，随着溶液沉降时间的增加，溶液浊度也在下降，24 h 时最高仅下降 15%。

5.2.4　TG-08 菌预处理菱镁矿石机理

菱镁矿石在 TG-08 菌预处理时，菱镁矿石中的菱镁矿吸附 TG-08 菌生长过程中分泌多糖，菱镁矿表面亲水，存在的少量石英被溶蚀，将 TG-08 菌预处理后的菱镁矿石过滤，入浮选机，调节矿浆 pH 值，加入分散剂以及捕收剂，十二胺在溶液中以阳离子形式存在，与溶蚀的石英产生静电吸附，捕收石英，成为尾矿，而十二胺阳离子与菱镁矿面的多糖存在竞争吸附，附着多糖的菱镁矿成为浮选精矿，预处理机理过程如图 5-22 所示。

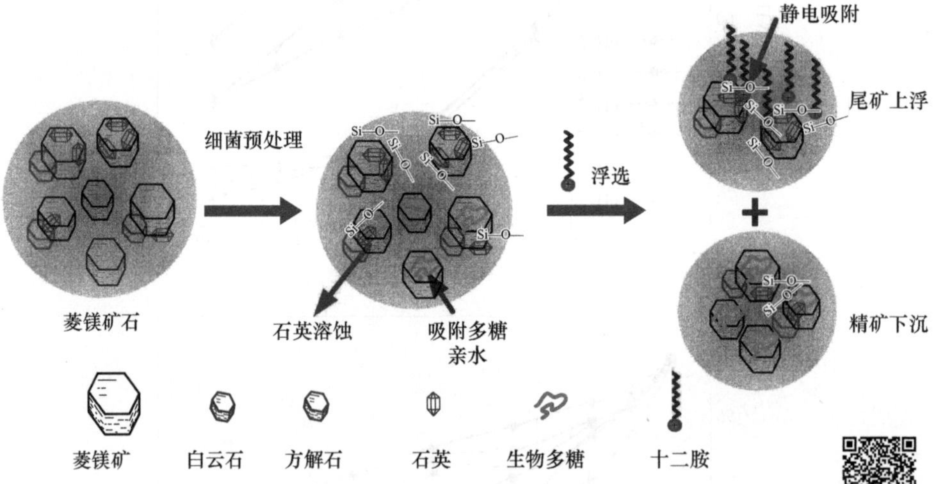

扫码看彩图

图 5-22　TG-08 菌预处理菱镁矿石机理

5.3　生物多糖替代物对菱镁矿石反浮选脱硅的影响

单糖是组成细菌胞外多糖的基本单元，据统计，仅细菌胞外多糖中出现的糖残基就有一百多种，比较常见的有 D-葡萄糖（D－Glc），D-半乳糖（D-Gal），D-甘露糖（D-Man）等吡喃糖，一些比较少见的稀有单糖，如 L-岩藻糖（L-Fuc）

以及 L-鼠李糖（L-Rha）也被发现存在于细菌胞外多糖中。

TG-08 菌预处理菱镁矿石时，能够达到一定好的脱硅效果，从前期试验中可以推断，TG-08 菌在浮选过程中，胞外多糖促进了浮选。由于无法对 TG-08 菌所产多糖进行分离和提取，考虑直接用单糖以及一些大分子糖类代替 TG-08 菌所产多糖，做浮选脱硅研究。

参照微生物浮选试验，确定十二胺体系下，不同糖类选别菱镁矿的适宜工艺流程和药剂制度。药剂制度为：pH 值用碳酸钠调节至 8，搅拌 3 min；调整剂生物多糖替代物用量 8000 g/t，搅拌 3 min；分散剂水玻璃用量 200 g/t，搅拌 3 min；捕收剂十二胺用量为 300 g/t，搅拌 3 min。图 5-23 和图 5-24、图 5-25 为此流程和药剂制度获得的最终试验结果。

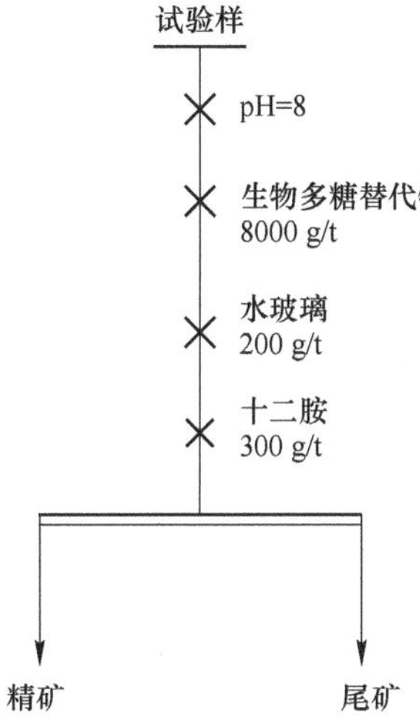

图 5-23 浮选脱硅流程

从图 5-24 和图 5-25 中可知，不同生物多糖替代物对浮选精矿中 MgO 和 SiO_2 的品位和回收率的影响不同。TG-08 菌预处理菱镁矿精矿中 MgO 的品位为 46.37%，SiO_2 的含量为 1.28%，回收率为 68.46%；而果糖替代浮选精矿中 MgO 的品位仅为 41.00%，SiO_2 的品位为 1.64%，回收率为 67.88%，可知果糖替代浮选效果从矿物品位和回收率方面比较，均比 TG-08 菌预处理差；无水葡萄糖替代浮选时，浮选精矿中 MgO 的品位为 43.24%，SiO_2 的品位为 2.13%，回收率为 75.53%，可知无水葡萄糖替代浮选效果也不理想；D（+）麦芽糖替代浮选时，浮选精矿中 MgO 的品位为 46.92%，SiO_2 的品位为 1.62%，回收率为 80.59%，可知 D（+）麦芽糖替代浮选效果在回收率方面优于 TG-08 菌预处理时；α-乳糖替代浮选时，浮选精矿中 MgO 的品位为 46.45%，SiO_2 的品位为 1.64%，回收率为 85.77%，可知 α-乳糖替代浮选效果优于 TG-08 菌预处理时的浮选效果；可溶性淀粉替代浮选时，浮选精矿中 MgO 的品位为 47.00%，SiO_2 的品位为 1.57%，回收率为 88.59%，可知可溶性淀粉替代浮选效果优于 TG-08 菌预处理时的浮选效果，说明多糖在溶液中能够促进菱镁矿石的浮选。

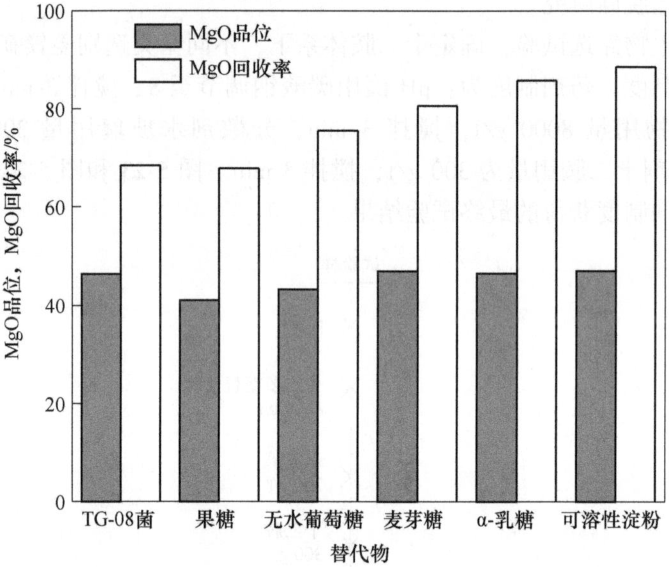

图 5-24　不同生物多糖替代物对菱镁矿石中 MgO 品位和回收率的影响

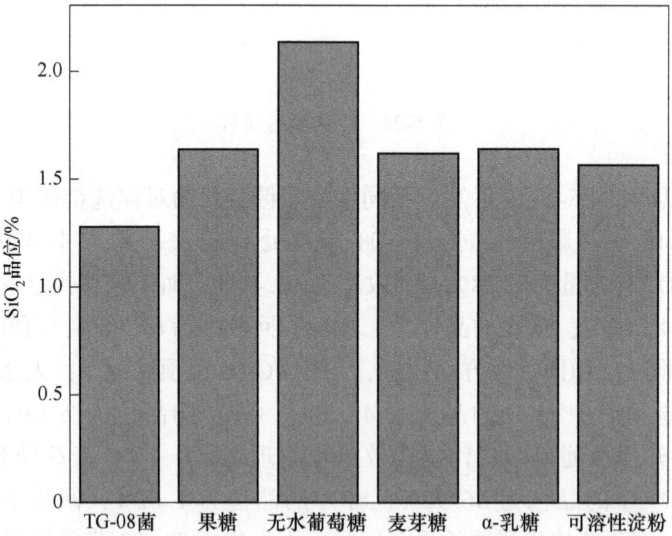

图 5-25　不同生物多糖替代物对菱镁矿石中 SiO_2 品位的影响

5.4　本章小结

（1）TG-08 菌预处理菱镁矿石反浮选脱硅试验说明，TG-08 菌溶蚀菱镁矿石中的硅酸盐矿物，而多糖附着在菱镁矿表面，强化菱镁矿与硅酸盐矿物的界面差异，优化菱镁矿石的浮选分离指标。

（2）菱镁矿与石英经 TG-08 菌预处理后，菱镁矿的零电点从 8.5 变为 1，ζ 电位变得更负，而石英的零电点由 1.9 变为 3.0，ζ 电位变得更正，菱镁矿表面变得亲水。

（3）TG-08 菌对石英的溶浸和分散试验表明，石英可被 TG-08 菌溶蚀，在 TG-08 菌溶液中呈分散状，与十二胺接触位点增多，可浮性提高。

（4）生物多糖替代物浮选试验结果说明，生物多糖替代物能够提高菱镁矿石的浮选效果，且不同生物多糖替代物具有不同的效果，也说明了多糖在溶液中能够促进菱镁矿石的浮选。

6 菱镁矿石与石英浮选的分子模拟

6.1 石英与菱镁矿的建模与优化

随着计算机在各领域应用的扩展，利用计算机技术模拟药剂与矿物的吸附已经成为一个新的研究方向。研究固液界面性质时，试验水平无法观测吸附动力学过程，而计算机模拟可以在分子水平上观测吸附结构，合并计算动力学过程[146-151]。分子模拟计算主要用于研究药剂与矿物的吸附结构和动力学过程，通过计算相互作用能可以分析作用方式，同时为药剂与矿物界面物理化学变化提供微观图像[152]。

6.1.1 石英

石英存在同质多象变体，本书以低温石英为考察对象。α-石英形成于各种地质作用中，三方晶系，D_3^6-$P3_221$；$a_0=0.491$ nm，$c_0=0.541$ nm，$z=2$。石英是典型的架状晶体结构矿物，晶体中每个硅原子与周围的 4 个氧原子都以原子键结合，4 个单键分别连接 4 个氧原子构成硅氧四面体，且各方向键力相等，因此无完全解理面形成。在水溶液中，该类矿物表面解离时会造成 Si—O 键断裂，从而表面形成带负电的晶格及活泼的 SiOH 和 SiO^- 区域，矿物零电点低，易于同阳离子捕收剂结合，而难于用阴离子捕收剂浮选。本研究中选择石英的（001）面与捕收剂作用[153]。通过 Material Studio（MS）5.0 软件用 CASTEP 模块对石英晶胞进行几何优化计算，计算中以广义梯度近似法 GGA-PBESOL 为交换相关函数。平面波截至能量（energy cutoff）为 260 eV，自洽场收敛精度为 1×10^{-6}。晶胞优化完成后，用 Cleave Surface 切割其（001）解理面，切割深度为 0.95 nm，建立 α-石英晶体模型，如图 6-1 和图 6-2 所示。Si 为黄色，O 为红色。

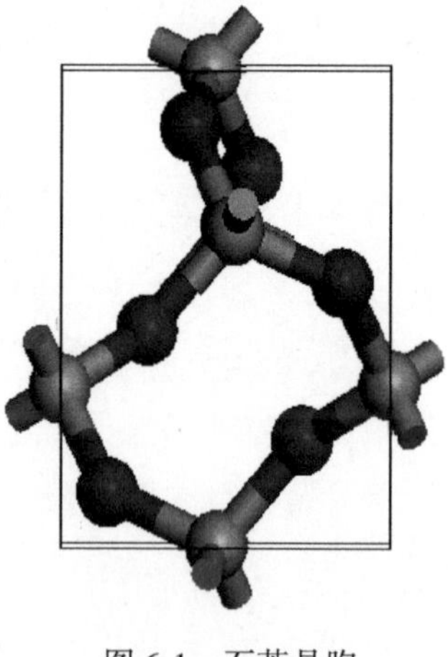

图 6-1 石英晶胞

扫码看彩图

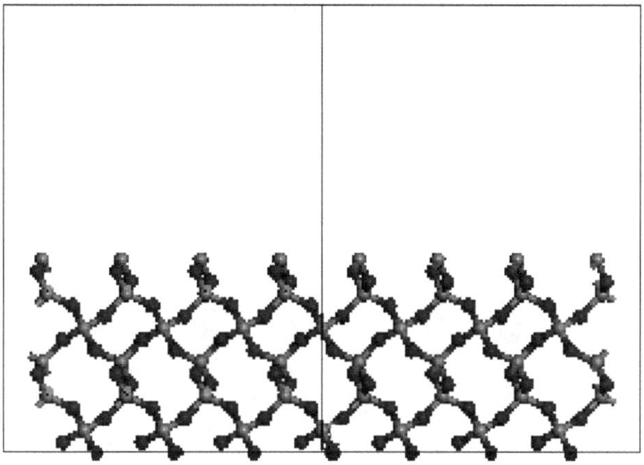

扫码看彩图

图 6-2 石英模型

经 TG-08 菌预处理后，石英溶液中硅的含量增加，表明石英被溶蚀。经 TG-08 菌预处理后石英晶体模型如图 6-3 所示。

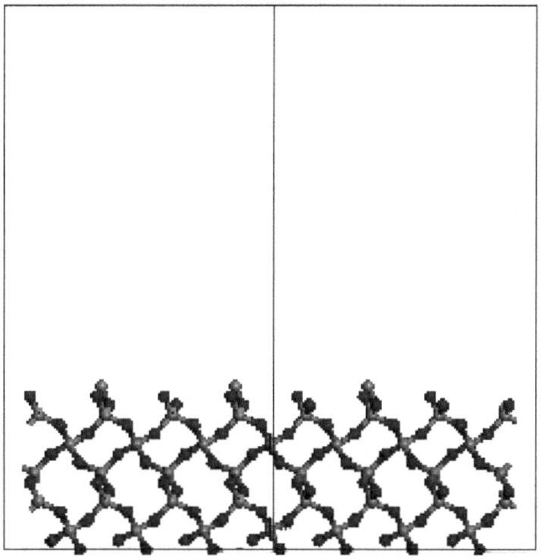

扫码看彩图

图 6-3 TG-08 菌预处理的石英

6.1.2 菱镁矿

菱镁矿化学式为 $MgCO_3$，属三方晶系，D_{3d}^6–R3C；菱面体晶胞：$a_{rh}=0.566$ nm，$\alpha=48°10'$，$z=2$；六方晶胞 $a_h=0.462$ nm，$c_h=1.499$ nm，$z=6$。菱镁矿具有完全解离面（211），通过 MS 软件，利用 $Dmol^3$ 模块对菱镁矿晶胞进行几何优化计

算，采用广义梯度近似（GGA）下的 PW91 梯度修正函数，数值机组设置为 DNP3.5，k-point 精度设置为 Fine，Orbital Cutoff Quality 精度设置为 Fine。SCF 精度为 1.0×10^{-5}，能量、力和位移的收敛精度分别为 2×10^{-5} Ha，4×10^{-3} Ha/Å 和 5×10^{-3} Å（1 Ha = 10000 m^2，1 Å = 0.1 nm）。对菱镁矿晶胞优化完成后，运用 Cleave Surface 切割其完全解离面（211），切割深度为 0.95 nm，建立菱镁矿晶体模型，如图 6-4 和图 6-5 所示。Mg 为绿色，O 为红色，C 为灰色。

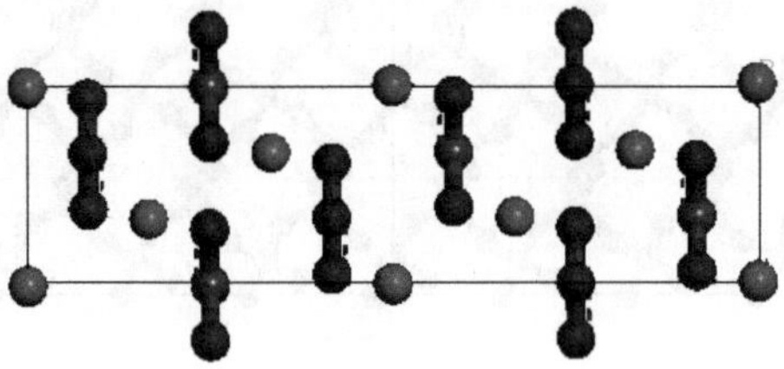

扫码看彩图

图 6-4　菱镁矿晶胞

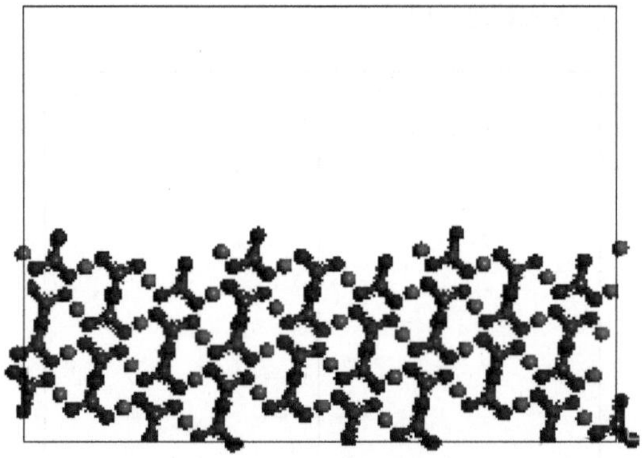

扫码看彩图

图 6-5　菱镁矿模型

6.2　十二胺分子的建模与优化

试验中涉及的捕收剂主要为十二胺及十二胺阳离子。利用 MS 软件中 Materials Visualizer 模块建立药剂分子结构，然后再利用 $Dmol^3$ 模块来对其进行几何优化。优化参数为：选择广义梯度近似（GGA）泛函，电子交换关联势采用 PW91 泛函，所有原子选取全电子双数字加极化基组 DNP，未限制电子自旋。使用 DIIS 方法加速 SCF 收敛，轨道计算中使用的 Smearing 标准为 0.005Hartree。几何优化精度为中等。根据实际情况选择电荷，十二胺阳离子为+1，优化后的药剂的分子结构及荷电情况如图 6-6 和图 6-7 所示。

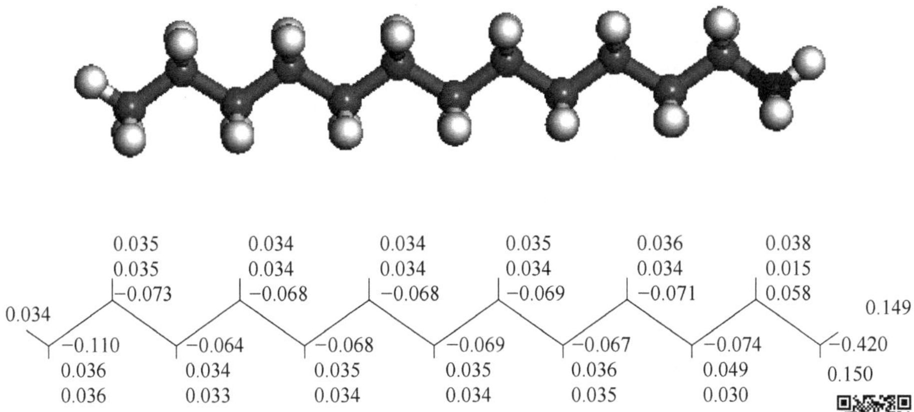

扫码看彩图

图 6-6　十二胺分子结构及其组成原子上的电荷

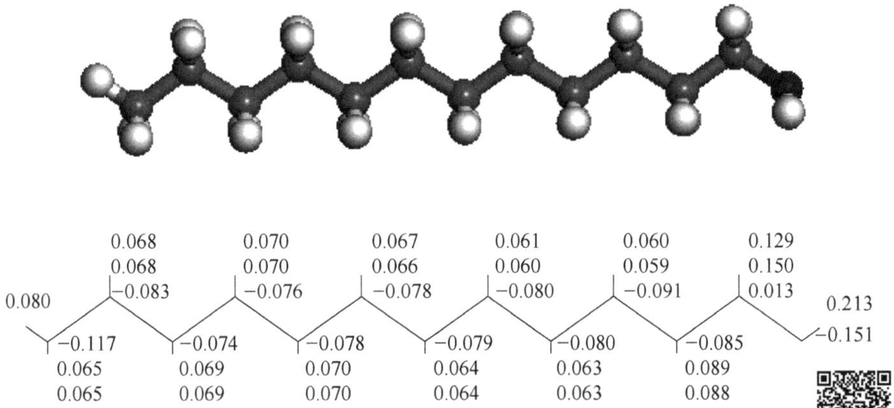

扫码看彩图

图 6-7　十二胺阳离子结构及其组成原子上的电荷

6.3　吸附模型建立与吸附能分析

采用分子动力学模拟方法研究捕收剂与矿物界面的相互作用。模拟过程中采用周期性边界条件，选择石英的（001）面和菱镁矿的（211）面为研究对象，建立超晶胞并利用 Forcite 模块进行优化，得到矿物表面最低能量构型。

然后在超晶胞上方加入 5 nm 的真空层，以消除周期性的影响。采用 Forcite 模块进行分子动力学模拟计算，模拟过程中冻结矿物表面体系中的所有原子。在此之前为了消除初始模型中药剂与矿物原子之间不合理的重叠，采用 Smart 最小化法优化几何构型，收敛精度为 Medium。为了根据能量大小来判断吸附强弱，动力学模拟选择 UFF 力场，正则系综（NVT），控温采用 Nose 方法控制为 298 K，时间步长为 1 fs，动力模拟时间为 200 ps，采用修正的 Ewald 加和方法计算静电力作用，范德华作用力的截断半径为 1.25 nm。

模型中相互作用能计算：

$$\Delta E = E_c - (E_s + E_r) \tag{6-1}$$

式中 E_c——矿物与药剂优化之后的总能量；

E_s，E_r——矿物表面自由能以及药剂分子的能量；

ΔE——代表体系的稳定性，ΔE 值越负，吸附体系越稳定，吸附越容易发生，ΔE 为 0 或者正值，吸附难以发生。

采用药剂在矿物表面的竞争吸附系数 $K_{水}$ 和 K_{OH^-} 进一步比较药剂分别在菱镁矿和石英表面的吸附作用。竞争吸附系数可通过式（6-2）和式（6-3）计算。

$$K_{水} = E_{药剂-矿物} / E_{水-矿物} \tag{6-2}$$

$$K_{OH^-} = E_{药剂-矿物} / E_{矿物-OH^-} \tag{6-3}$$

式中 $E_{药剂-矿物}$——药剂与矿物表面相互作用能；

$E_{水-矿物}$——水分子与矿物表面相互作用能；

$E_{矿物-OH^-}$——OH^- 与矿物表面相互作用能。

当竞争吸附系数大于 1 时，药剂与矿物表面的相互作用能够克服矿物表面水分子层或 OH^- 离子层的阻碍而吸附在矿物表面上；当竞争吸附系数小于 1 时，则药剂与矿物表面的相互作用不足以克服矿物表面水分子层或 OH^- 离子层的阻碍而吸附在矿物表面上。这就为不同 pH 值条件下药剂与矿物表面相互作用能的比较提供了参考依据。

6.3.1 石英表面吸附能分析

十二胺和十二胺阳离子在石英经 TG-08 菌处理前后表面作用的初始状态和动力学模拟后的状态如图 6-8、图 6-9 和图 6-12、图 6-13 所示。水分子和 OH^- 离子与石英经 TG-08 菌处理前后的初始状态和动力学模拟后的状态如图 6-10、图 6-11 和图 6-14、图 6-15 所示。根据上述的计算方法，分别得到捕收剂与矿物经 TG-08 菌处理前后的相互作用能，将计算结果列于表 6-1 和表 6-3。

十二胺和十二胺阳离子在石英表面的竞争吸附系数如表 6-2 所示，十二胺和十二胺阳离子在 TG-08 菌预处理石英表面的竞争吸附系数如表 6-4 所示。

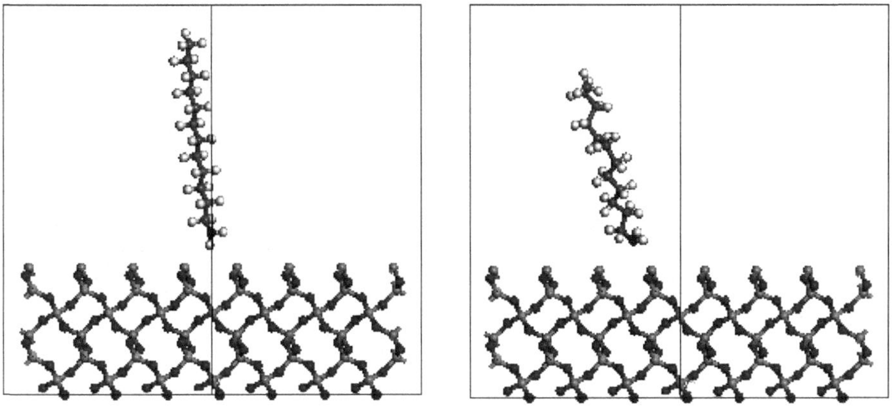

图 6-8　十二胺分子与石英的吸附模型

扫码看彩图

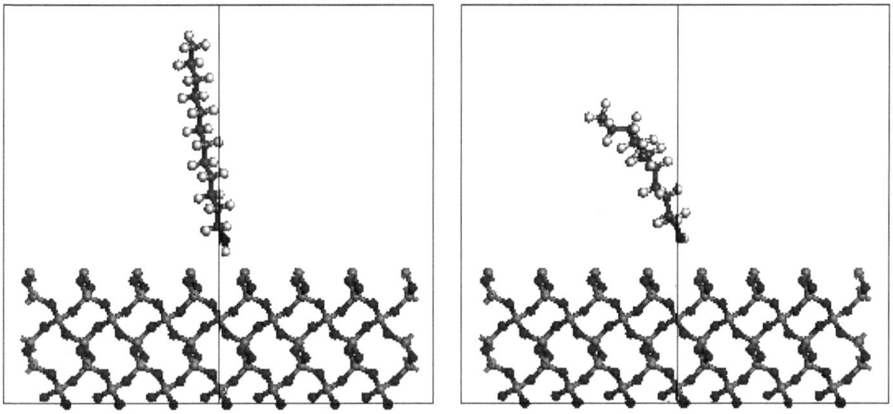

图 6-9　十二胺阳离子与石英的吸附模型

扫码看彩图

图 6-8 和图 6-9 所示为十二胺分子和阳离子在石英（001）表面的初始状态，和经动力学模拟达到的平衡吸附状态。从图 6-8 和图 6-9 中可以看出，十二胺的极性头部由于较强的化学反应活性比烷基链优先吸附于石英（001）表面，而碳链偏离矿物表面，十二胺分子几乎呈现出垂直矿物表面，而十二胺离子碳链尾部出现扭转。矿物和水分子的相互作用可以用捕收剂的扭转程度呈现，捕收剂扭转越大，阻隔水分子与矿物作用的能力就越强。结合表 6-1 的数据，十二胺分子在石英面吸附的相互作用能为-2. 48865 kJ/mol，接近于零，可见十二胺分子在石英表面的吸附能力很弱。强碱性条件下，十二胺主要以分子状态存在于溶液

中，不利于石英的浮选回收。十二胺阳离子在石英面吸附的相互作用能为 -12.4263 kJ/mol，比十二胺分子在石英面吸附的相互作用能更负，且在石英面的扭转程度更大，这同时可以解释在中性条件下石英的浮选回收率高和当溶液中的阳离子数量达到一定值时，十二胺的阳离子量足够捕收所有的石英，pH 值就不存在约束。

表 6-1　药剂与石英相互作用能　　(kJ/mol)

药剂分子	作用后体系总能量	作用前体系总能量	药剂与矿物相互作用能
十二胺	-9653.94	-9651.4506	-2.4886
十二胺阳离子	-9663.84	-9651.4086	-12.4263
水	-10029.6551	-10029.3367	-0.3184
OH^-	-10029.7058	-10029.3685	-0.3373

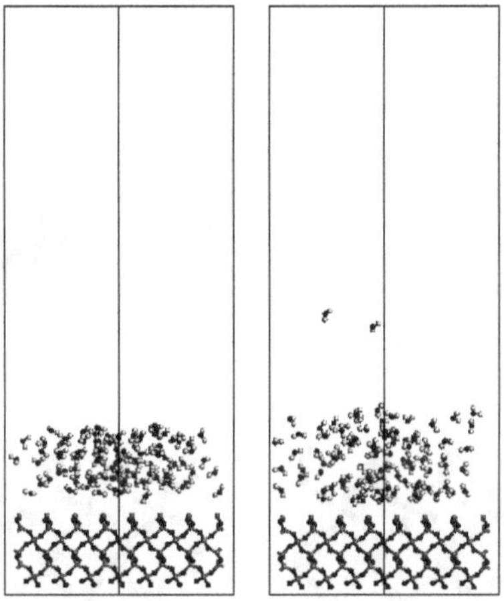

扫码看彩图

图 6-10　水分子与石英的吸附模型

图 6-10 和图 6-11 所示为水分子和 OH^- 离子在石英（001）表面的初始状态，和经动力学模拟后达到的平衡吸附状态。从图 6-10 和图 6-11 可以看出，水分子在石英（001）表面经动力学模拟后，与初始状态变化不大；而 OH^- 离子在石英（001）表面经动力学模拟后，在体系中分散存在。从表 6-1 可知，水分子和石英的相互作用能为 -0.3184 kJ/mol，OH^- 和石英的相互作用能为 -0.3373 kJ/mol，说明十二胺和十二胺阳离子与石英的相互作用大于水分子及 OH^- 与石英的相互作用，结合表 6-2 中十二胺和十二胺阳离子与矿物表面的竞争吸附系数 $K_{水}$ 和 K_{OH^-}，比较可知，十二胺和十二胺阳离子与石英的相互作用能远大于水分子及 OH^- 离子与石英的相互作用能，也就是说，十二胺和十二胺阳离子在石英表面的竞争吸附

系数绝对值均大于 1，十二胺和十二胺阳离子可以取代吸附于石英表面的水分子层及 OH^-层而吸附在石英表面上。

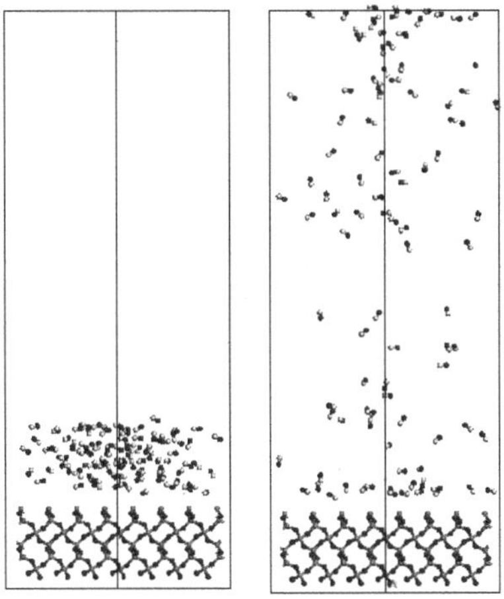

扫码看彩图

图 6-11 OH^-与石英的吸附模型

表 6-2 药剂在石英表面的竞争吸附系数

药剂分子	$K_{水}$	K_{OH^-}
十二胺	7.8161	39.0273
十二胺阳离子	7.3781	36.8405

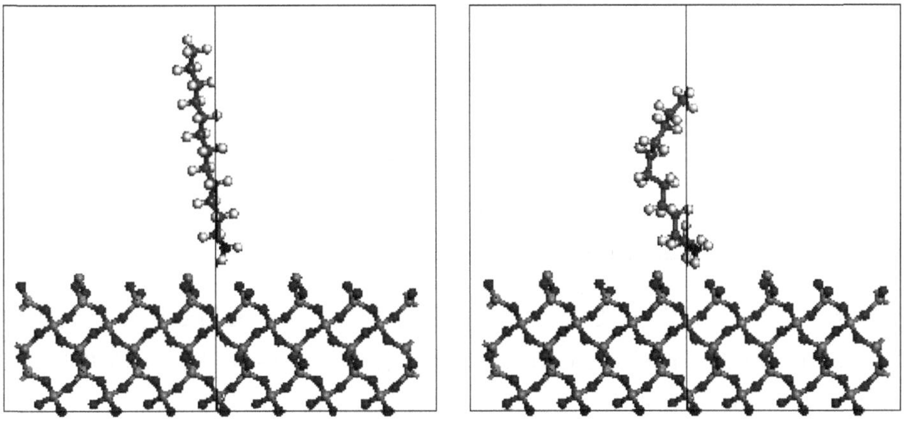

图 6-12 十二胺分子与 TG-08 菌预处理石英的吸附模型

扫码看彩图

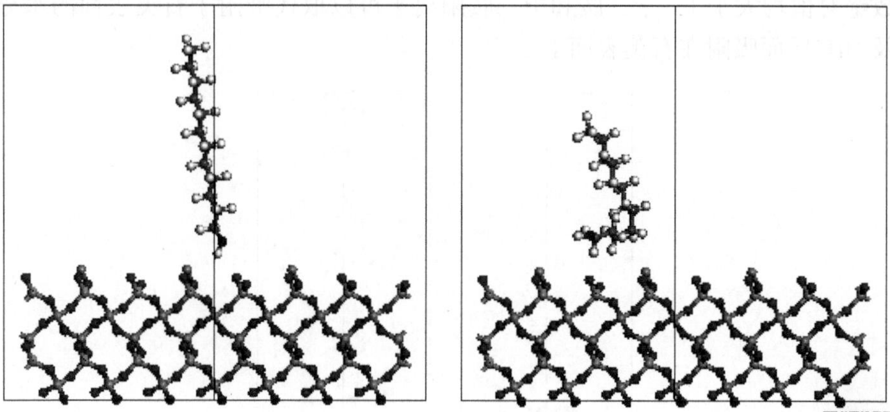

图 6-13　十二胺阳离子与 TG-08 菌预处理石英的吸附模型

扫码看彩图

图 6-12 和图 6-13 所示为十二胺分子和阳离子在 TG-08 菌预处理石英（001）表面的初始状态，和通过动力学模拟达到的最终平衡状态。从图 6-12 和图 6-13 中可以看出，十二胺分子和阳离子在 TG-08 菌预处理石英面上呈现不同程度的偏转和扭曲，且十二胺分子和阳离子的 H 更易与石英面上的 O 结合。结合表 6-3 的数据，十二胺分子和阳离子在 TG-08 菌预处理石英面吸附的相互作用能分别为 −4.74431 kJ/mol 和 −20.6782 kJ/mol，高于十二胺分子和阳离子在石英面吸附的相互作用能，由此可知，石英表面经 TG-08 菌预处理后更易被捕收。

表 6-3　药剂与 TG-08 菌作用过的石英相互作用能　　（kJ/mol）

药剂分子	作用后体系总能量	作用前体系总能量	药剂与矿物相互作用能
十二胺	−8704.9	−8700.1531	−4.7443
十二胺阳离子	−9011.03	−8990.35	−20.6782
水	−8981.8398	−8981.3748	−0.4650
OH^-	−8981.5304	−8981.3800	−0.1504

图 6-14 和图 6-15 所示为水分子和 OH^- 离子在 TG-08 菌预处理石英表面的初始状态，和经动力学模拟达到的最终平衡状态。从图 6-14 和图 6-15 可以看出，水分子在 TG-08 菌预处理石英表面经动力学模拟后，与初始状态变化不大；而 OH^- 离子在 TG-08 菌预处理石英表面经动力学模拟后，在体系中分散存在。从表 6-3 中可知，水分子和 TG-08 菌预处理的石英的相互作用能为 −0.4650 kJ/mol，OH^- 和 TG-08 菌预处理的石英的相互作用能为 −0.1504 kJ/mol，结合表 6-4 中十

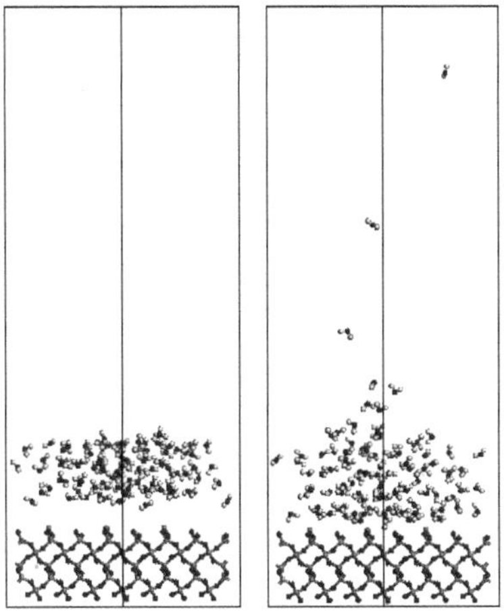

扫码看彩图

图 6-14 水分子与 TG-08 菌预处理石英的吸附模型

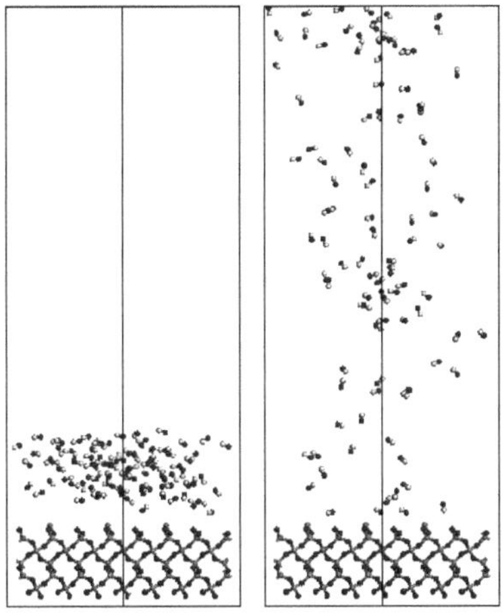

扫码看彩图

图 6-15 OH^-与 TG-08 菌预处理石英的吸附模型

二胺和十二胺阳离子与矿物表面的竞争吸附系数 $K_{水}$ 和 K_{OH^-} 比较可知，十二胺和十二胺阳离子与 TG-08 菌预处理的石英的相互作用能远大于水分子及 OH^- 与 TG-08 菌预处理的石英的相互作用能，与此同时，十二胺和十二胺阳离子在 TG-08 菌预处理的石英表面的竞争吸附系数绝对值均大于 1，由此可知，十二胺和十二胺阳离子可以取代吸附于 TG-08 菌预处理的石英表面的水分子层及 OH^- 层而吸附在 TG-08 菌预处理的石英表面。

表 6-4　药剂在 TG-08 菌作用过的石英表面的竞争吸附系数

药剂分子	$K_{水}$	K_{OH^-}
十二胺	10.2028	31.5446
十二胺阳离子	44.4692	137.4880

6.3.2　菱镁矿表面吸附能分析

十二胺和十二胺阳离子在菱镁矿表面作用的初始状态和动力学模拟后的状态如图 6-16 和图 6-17 所示。水分子和 OH^-离子与菱镁矿表面前后的初始状态和动

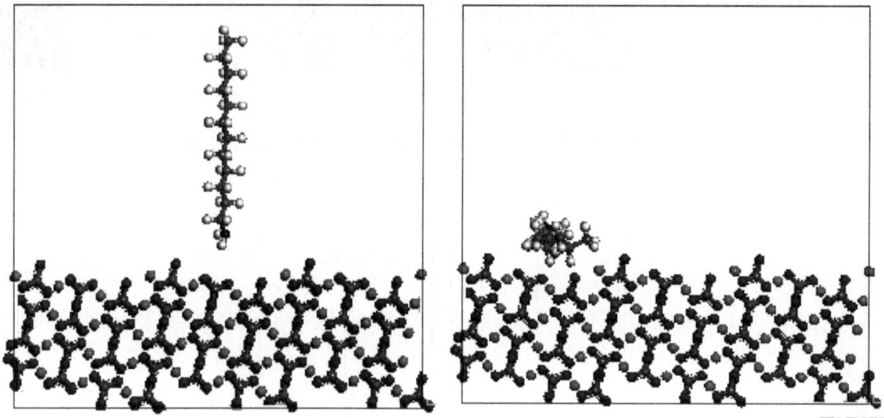

图 6-16　十二胺分子与菱镁矿的吸附模型

扫码看彩图

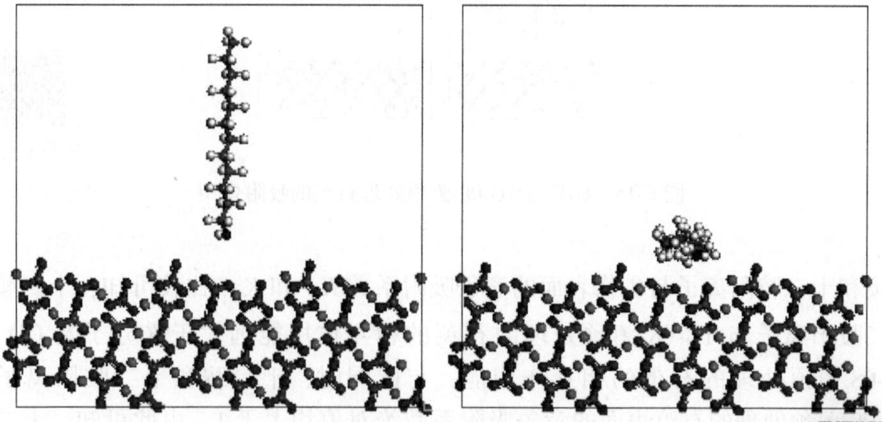

图 6-17　十二胺阳离子与菱镁矿的吸附模型

扫码看彩图

力学模拟后的状态如图 6-18 和图 6-19 所示。以及不同糖类替代药剂在菱镁矿表面作用的初始状态和动力学模拟后的状态如图 6-20~图 6-24 所示。根据上述的计算方法，分别得到药剂和水分子以及 OH^-离子和不同糖类替代药剂在菱镁矿表面前后的相互作用能，将计算结果列于表 6-5，药剂以及不同生物多糖替代物在菱镁矿表面的竞争吸附系数如表 6-6 所示。

图 6-16 和图 6-17 所示为十二胺分子和阳离子在菱镁矿表面的初始状态，和最终平衡状态。从图 6-16 和图 6-17 中可以看出，十二胺分子和阳离子在菱镁矿表面通过动力学模拟后呈现团聚状态，且碳链上的 H 更容易和菱镁矿面上的 O 结合。结合表 6-5 的数据，十二胺分子在菱镁矿表面的吸附自由能为 −16.659 kJ/mol，十二胺阳离子在菱镁矿表面的吸附自由能为−13.8703 kJ/mol，十二胺分子在菱镁矿面的吸附自由能更负。中性条件下，十二胺主要是以阳离子状态存在于溶液中，不利于菱镁矿的浮选回收。

表 6-5 药剂与菱镁矿相互作用能 (kJ/mol)

药剂分子	作用后体系总能量	作用前体系总能量	药剂与矿物相互作用能
十二胺	7760.838	7777.497	−16.659
十二胺阳离子	7759.568	7773.438	−13.8703
水	7327.141	7327.482	−0.34135
OH^-	7670.509	7670.67	−0.16099
无水葡萄糖	7756.1054	7764.69	−8.58426
果糖	7778.1577	7783.749	−5.5913
α-乳糖	7811.8477	7830.497	−18.649
D(+)-麦芽糖	7795.9457	7815.189	−19.243
可溶性淀粉	8067.3290	8118.791	−51.4622

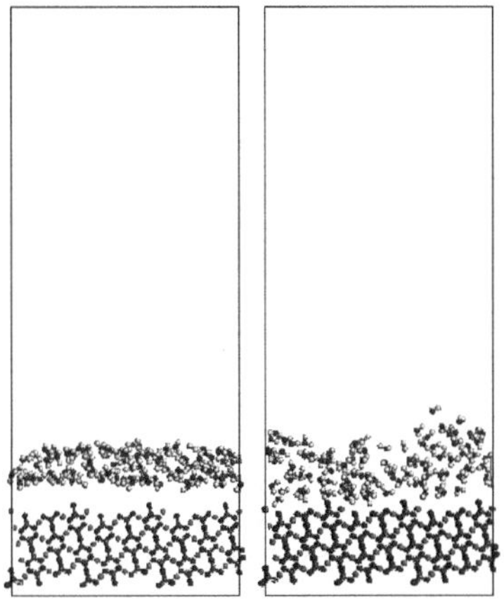

扫码看彩图

图 6-18 水分子与菱镁矿的吸附模型

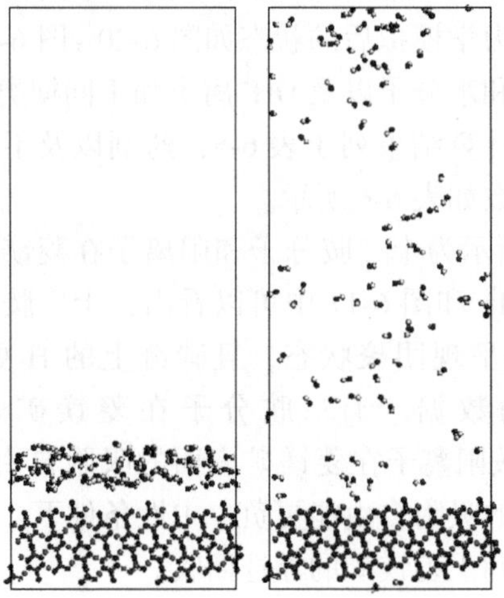

扫码看彩图

图 6-19　OH^-与菱镁矿的吸附模型

图 6-18 和图 6-19 所示为水分子和 OH^- 离子在菱镁矿表面的初始状态，和最终平衡状态。水分子和菱镁矿的相互作用能为-0. 34135 kJ/mol，OH^- 和菱镁矿的相互作用能为-0. 16099 kJ/mol，比较十二胺和十二胺阳离子在菱镁矿表面的相互吸附能，说明十二胺和十二胺阳离子与菱镁矿的相互作用大于水分子及 OH^- 与菱镁矿的相互作用，结合表 6-6 中十二胺和十二胺阳离子与矿物表面的竞争吸附系数 $K_{水}$ 和 K_{OH^-}，比较可知，十二胺和十二胺阳离子与菱镁矿的相互作用能远大于水分子及 OH^- 与菱镁矿的相互作用能，说明十二胺和十二胺阳离子可以取代吸附于菱镁矿表面的水分子层及 OH^- 层而吸附在菱镁矿表面。

表 6-6　药剂在菱镁矿表面的竞争吸附系数

药剂分子	$K_{水}$	K_{OH^-}
十二胺	48. 80328	103. 4785
十二胺阳离子	40. 63366	86. 15628
无水葡萄糖	25. 14797	53. 3217
果糖	16. 37996	34. 73073
α-乳糖	54. 63307	115. 8395
D(+)-麦芽糖	56. 37322	119. 5292
可溶性淀粉	150. 7608	319. 6608

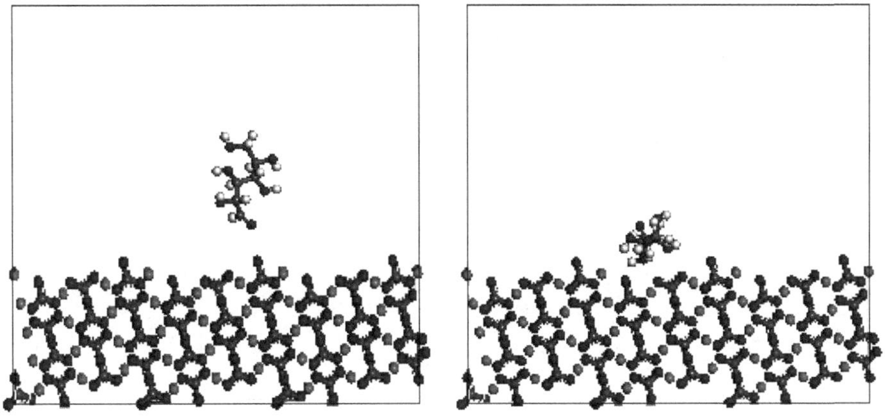

图 6-20　无水葡萄糖与菱镁矿的吸附模型

扫码看彩图

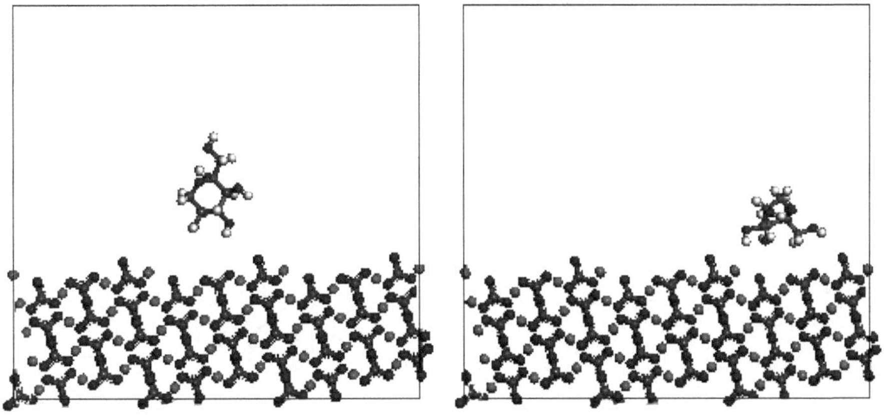

图 6-21　果糖与菱镁矿的吸附模型

扫码看彩图

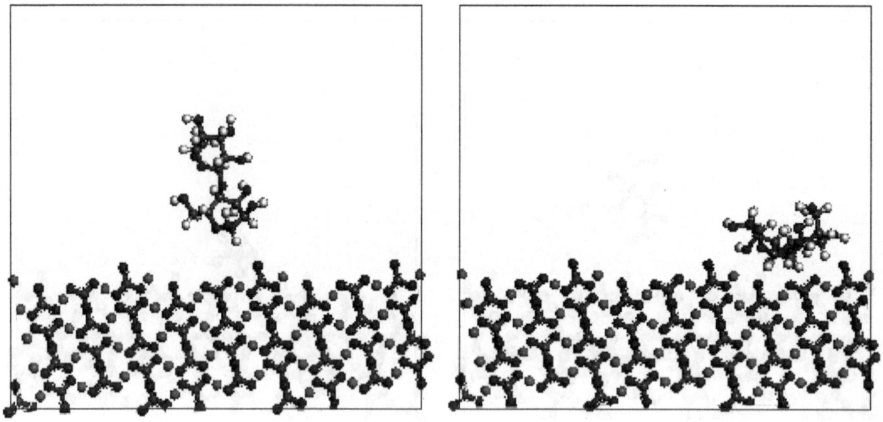

图 6-22　α-乳糖与菱镁矿的吸附模型

扫码看彩图

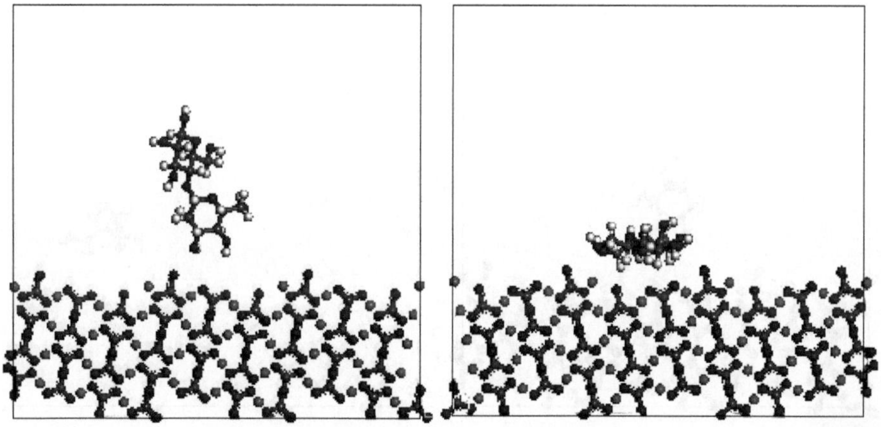

图 6-23　D（+）-麦芽糖与菱镁矿的吸附模型

扫码看彩图

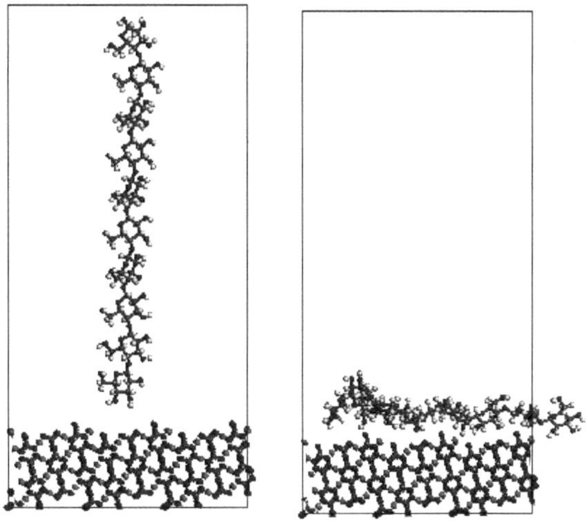

扫码看彩图

图 6-24 可溶性淀粉与菱镁矿的吸附模型

图 6-20～图 6-24 所示为不同糖类替代药剂在菱镁矿表面的初始状态，和通过动力学模拟后达到的最终平衡状态。从图 6-20～图 6-24 中可以看出，菱镁矿面和糖类替代药剂结合紧密，在经过动力学模拟以后，无水葡萄糖、果糖、α-乳糖、D(+)-麦芽糖和可溶性淀粉的长链部分偏转至菱镁矿面，且可溶性淀粉能够完全平铺在菱镁矿面，而十二胺阳离子在菱镁矿面仅能占有少量的点位。从表 6-5 可知，无水葡萄糖和菱镁矿面的相互自由能是-8.58426 kJ/mol，果糖和菱镁矿面的相互自由能是-5.5913 kJ/mol，α-乳糖和菱镁矿面的相互自由能是-18.649 kJ/mol，D(+)-麦芽糖和菱镁矿面的相互自由能是-19.243 kJ/mol，可溶性淀粉和菱镁矿面的相互自由能是-51.4622 kJ/mol，而十二胺阳离子和菱镁矿面的相互吸附能是-13.8703 kJ/mol，由此可见，α-乳糖、D(+)-麦芽糖和可溶性淀粉在菱镁矿面的竞争吸附中比十二胺阳离子更具有优势。

6.4 本章小结

(1) 通过分子动力学模拟可知，十二胺分子在石英表面的相互作用能接近零，所以十二胺分子在石英面吸附弱，而十二胺阳离子更易于吸附于石英面。十二胺分子和阳离子在经 TG-08 菌预处理石英面的吸附能为负值，说明石英经 TG-08 菌预处理后更易被捕收。

(2) 十二胺分子在菱镁矿面的相互作用能小于十二胺阳离子在菱镁矿面的相互作用能，中性 pH 值下，十二胺阳离子不易捕收菱镁矿。

(3) α-乳糖、D(+)-麦芽糖及可溶性淀粉和菱镁矿面的相互自由能比十二胺阳离子在菱镁矿面的相互吸附能低，而无水葡萄糖、果糖和菱镁矿面的相互作用能比十二胺阳离子在菱镁矿面的相互作用能高，由此可见，不同的生物多糖替代物在菱镁矿面的替代吸附能力不一样。

7 尾矿制备硫酸镁

菱镁矿是我国重要的出口矿之一，随着镁矿资源开采的增加，优质资源不断减少，菱镁矿浮选尾矿等不断堆积，其利用势在必行。国外系统地对菱镁矿的结构、溶解性做了研究，表明在有机活性剂的条件下，菱镁矿存在接触角利于有机酸浸出[154-155]，醋酸溶液中主要受化学反应影响[156]，乳酸镁溶出受化学反应控制[157]，以柠檬酸溶液溶解菱镁矿，可得到99.90%的超纯氧化镁。国内对菱镁矿的研究主要集中在菱镁矿原矿选矿、热解、碳化制备氧化镁[158-160]等方面，对于菱镁矿浮选尾矿的探究，鲜见报道。本书在酸浸条件试验基础上，研究了菱镁矿尾矿中镁的浸出动力学，探究了镁浸出过程的控制步骤，得出浸出过程中反应速度控制因素。菱镁矿石尾矿研究制备硫酸镁，实现了预处理-反浮选-尾矿硫酸浸出低品位菱镁矿中镁资源综合利用工艺。

7.1 尾矿原料分析

试验用菱镁矿石尾矿矿样来自 TG-08 菌预处理浮选尾矿以及最初筛分 +0.074 mm 部分，磨矿至矿物粒径 -0.074 mm，其主要化学元素组成分析见表 7-1。该尾矿中菱镁矿含量仍较高，MgO 含量为 38.75%，脉石矿物主要为石英和方解石，并含少量铁。

表 7-1 菱镁矿石尾矿多元素化学分析结果 (%)

元素	MgO	SiO_2	CaO	Fe_2O_3	P_2O_5	Al_2O_3	SO_3	CO_2
含量	38.75	10.36	5.39	2.21	0.27	3.12	0.19	39.64

7.2 尾矿酸浸影响因素

影响尾矿酸浸的因素很多，依次考察硫酸浓度和用量（硫酸体积与菱镁矿尾矿质量之比，mL/g）、反应温度、反应时间以及液固比［体积(mL)：质量(g)］对尾矿中镁离子浸出率的影响，探索各因素对镁浸出率的影响。

7.2.1 硫酸浓度对镁浸出率的影响

图 7-1 为硫酸浓度对镁浸出率的影响曲线。浸出条件：80 ℃浸出 2 h，控制

浸出液固比 10 mL/g。从图 7-1 中可以看出，镁的浸出率随着硫酸浓度的升高而增大，当硫酸的浓度为 1. 5 mol/L 时，镁浸出率为 84%，随后浸出率随着硫酸浓度的增加而上升缓慢，当硫酸浓度为 2. 5 mol/L 时，镁浸出率达到 90%。工业生产中，设备防腐要求高，设备制作成本将提升，硫酸浓度从 1. 5 mol/L 上升到 2. 5 mol/L 时，浸出率仅提高了 5%，故确定硫酸浓度为 1. 5 mol/L。

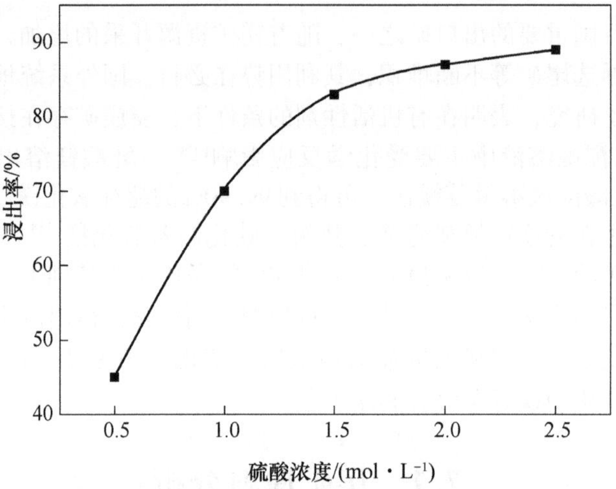

图 7-1　硫酸浓度对镁浸出率的影响

7. 2. 2　反应温度对镁浸出率的影响

图 7-2 为反应温度对镁浸出率的影响。浸出条件：1. 5 mol/L 硫酸浸出 2 h，浸出液固比为 10 mL/g。从图 7-2 中可以看出，镁浸出率在不同反应温度下变化较大，随着反应温度的升高，浸出率从 20 ℃下的 29% 上升到 100 ℃时的 88%。镁的浸出率随反应温度上升曲线分为两个阶段，反应温度低于 80 ℃时，浸出率呈指数上升；反应温度大于 80 ℃时，曲线则较为平缓，升高温度对镁浸出率贡献不明显。伴随反应温度的升高，能量消耗增大，因此选择反应温度为 80 ℃。

7. 2. 3　反应时间对镁浸出率的影响

图 7-3 为反应时间对镁的浸出率的影响曲线。浸出条件：反应温度 80 ℃，硫酸浓度 1. 5 mol/L，浸出液固比 10 mL/g。从图 8-3 中可以看出，镁的浸出率随反应时间的延长而增加。当反应时间为 1 h 时，镁浸出率为 55%；延长反应时间为 2 h 时，镁浸出率为 83%；当反应时间增加到 3 h 时，浸出率为 93%。反应时

间从 2 h 增加到 3 h，镁浸出率增加不明显，且随着反应时间的延长，能耗也不断增加，所以反应时间选择 2 h。

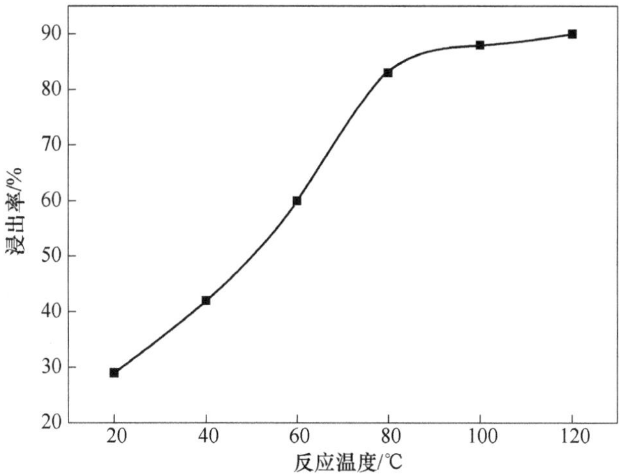

图 7-2 反应温度对镁浸出率的影响

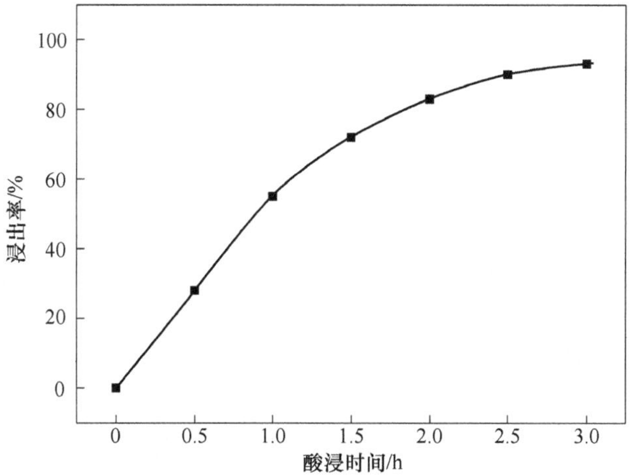

图 7-3 反应时间对镁浸出率的影响

7.2.4 液固比对镁浸出率的影响

图 7-4 为液固比对镁浸出率的影响曲线。浸出条件：硫酸浓度 1.5 mol/L，

浸出 2 h，浸出温度 80 ℃。从图 7-4 中可以看出，当液固比在 2∶1～12∶1 间变化时，镁浸出率变化不大，均在 84%左右。可见 3 mL/g 硫酸足以保证镁离子浸出所需硫酸量，而增加硫酸用量会导致生产成本上升，确定浸出反应液固比为 3∶1。

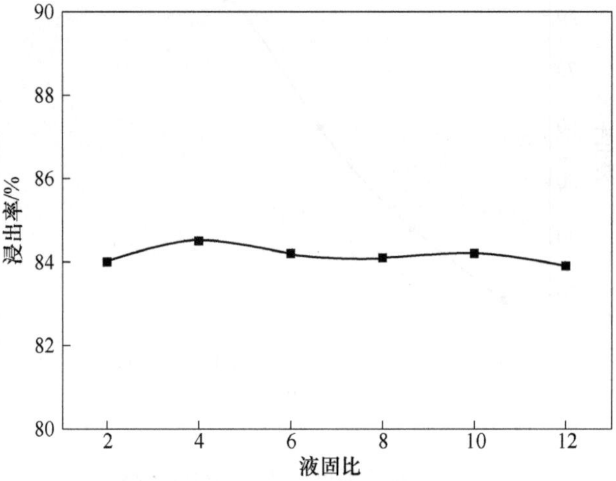

图 7-4　液固比对镁浸出率的影响

7.3　镁浸出过程动力学分析

菱镁矿石尾矿硫酸浸出反应属于液-固相反应，反应式见式（7-1）。

$$MgCO_3 + H_2SO_4 \longrightarrow MgSO_4 + H_2O + CO_2 \tag{7-1}$$

假设菱镁矿石尾矿硫酸浸出反应只在固体颗粒内部与未反应固相的界面间进行，反应由表及里不断向矿石中心收缩，未反应芯逐渐缩小。采用粒径不变的收缩未反应芯模型描述菱镁矿尾矿硫酸浸出反应过程。缩芯模型反应由以下三个过程控制：

（1）流体滞流膜扩散控制。流体滞流膜扩散控制时，外扩散阻力远大于其他各步阻力。其动力学方程可表示为：

$$Kt = x \tag{7-2}$$

式中　x——镁在不同时间 t（min）的浸出率；

K——反应速率常数，min^{-1}。

（2）扩散和化学反应共同控制。固体产物层内扩散控制时，外扩散和表面化学反应阻力均小于内扩散力。其动力学方程可表示为：

$$Kt = 1 - 3(1 - x)^{2/3} + 2(1 - x) \tag{7-3}$$

(3) 化学反应控制。如果流体反应物流速很高和固相产物层孔隙率很大，化学反应的阻力比其他步骤大，此时为化学反应控制，其动力学方程为：

$$Kt = 1 - (1 - x)^{1/3} \tag{7-4}$$

不同温度下，菱镁矿尾矿中镁浸出率随反应时间变化的曲线如图 7-5 所示。在相同温度下，镁浸出率随浸出时间的延长而增大，浸出过程表现为化学反应控制。温度对镁浸出率影响较大，随着温度的升高，镁浸出率逐渐增大。当反应温度为 20 ℃，反应时间为 2 h 时，镁浸出率为 30%；当酸浸温度达到 80 ℃，反应时间为 2 h 时，镁浸出率提高到 83%。温度的升高，使浸出反应活化能提高，进而增加镁浸出率。

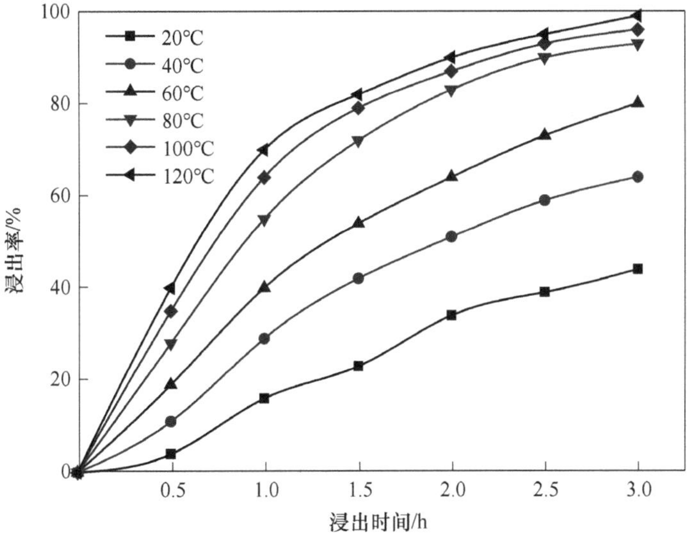

扫码看彩图

图 7-5 不同温度下硫酸浸出菱镁矿石尾矿镁浸出率随时间的变化

根据图 7-5 数据，将不同温度下镁浸出率随反应时间变化的数据分别代入式 (7-2)、式 (7-3)、式 (7-4) 得到浸出率与酸浸时间 t 的关系曲线，线性拟合结果如图 7-6、图 7-7、图 7-8 所示。

从图 7-6、图 7-7、图 7-8 拟合结果可知，镁浸出率与化学反应控制方程式 (7-3) 拟合得到的线性相关系数最优，菱镁矿石尾矿的酸浸过程为固体产物层内扩散控制。

根据 Arrhenius 方程，酸浸反应的表观活化能计算表示为：

$$K = A\exp[-E_a/(RT)] \tag{7-5}$$

式中 K——反应速率常数，min^{-1}；

A——频率因子，min^{-1}；

E_a——酸浸反应的表观活化能，kJ/mol；

R——气体常数，8. 314 J/mol；

T——酸浸过程的热力学温度，K。

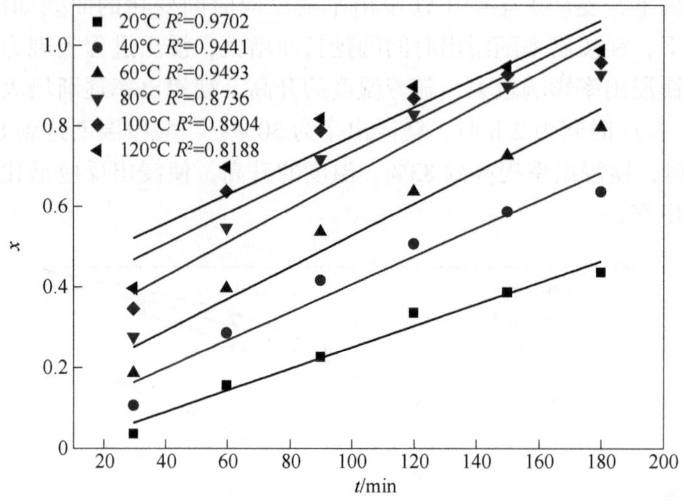

扫码看彩图

图 7-6　浸出率 x 与酸浸时间 t 的关系曲线

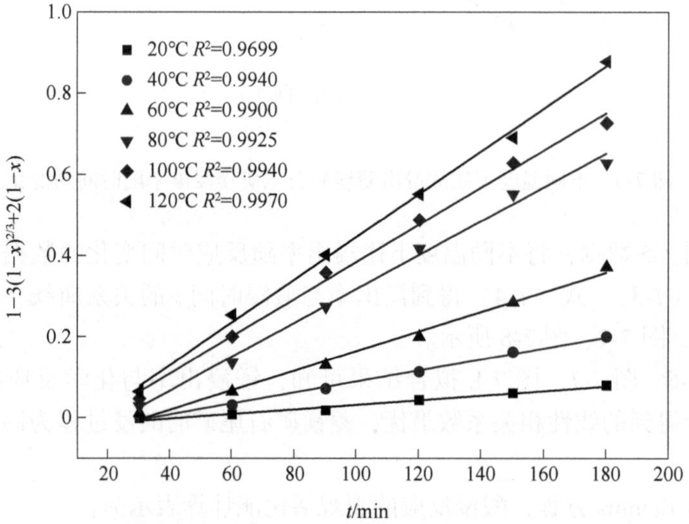

扫码看彩图

图 7-7　$1-3(1-x)^{2/3}+2(1-x)$ 与酸浸时间 t 的关系曲线

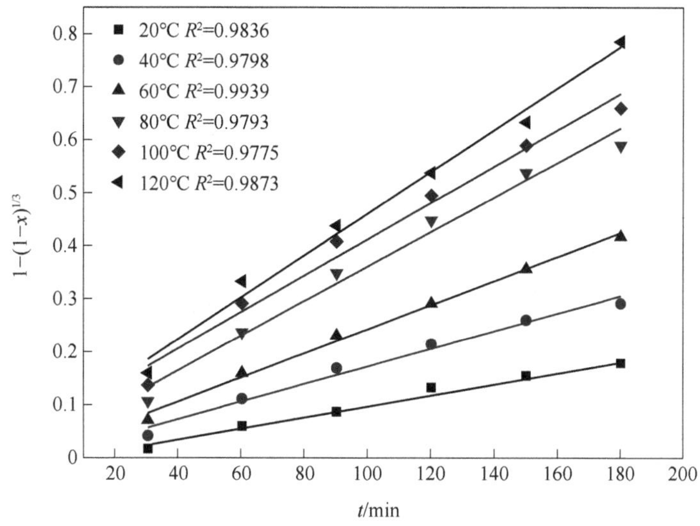

扫码看彩图

图 7-8 $1-(1-x)^{1/3}$ 与酸浸时间 t 的关系曲线

依据表观活化能的大小可以进一步判断菱镁矿尾矿硫酸浸出的反应类型，扩散控制时，表观活化能一般小于 12 kJ/mol；化学反应控制时，表观活化能一般大于 42 kJ/mol；扩散和化学反应共同控制时，表观活化能介于二者之间。根据图 7-8 所得数据，由一系列温度不同时的 ln$k$ 对 1/T 作图，得到 Arrhenius 直线的线性相关系数为 0.9950，如图 7-9 所示。根据式（7-5），可计算出酸浸反应活化能为 21.02 kJ/mol，表明菱镁矿尾矿酸浸过程受扩散和化学反应共同控制。

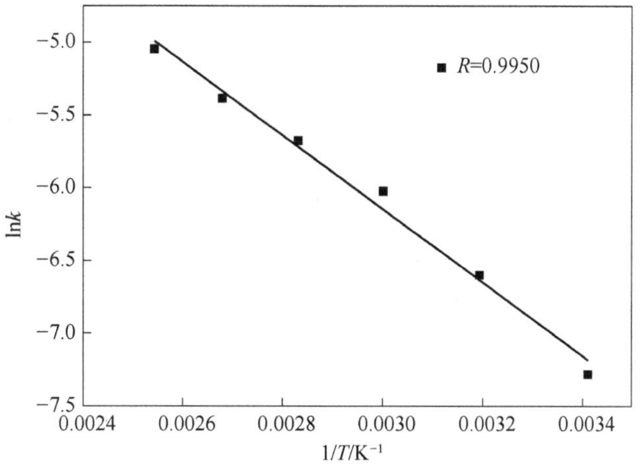

图 7-9 菱镁矿尾矿硫酸浸出活化能拟合

7.4　酸浸消泡研究

泡沫产生原因分析：硫酸与低品位菱镁矿混合后，硫酸与碳酸镁及碳酸钙反应生成硫酸镁、硫酸钙，同时放出大量二氧化碳气体。由于体系中残留浮选表面活性剂，且为减少酸耗、提高浸出液浓度，浸矿反应体系酸及水的用量较少，致使体系黏度大，二氧化碳气体在释放过程中形成难破灭气泡，造成浸出液及原料漫溢损失，由此产生浪费，同时浸矿设备利用率大大下降，反应周期延长。工业过程中，由于泡沫的存在，干扰液面计的测量准确，造成测量失误，液体中由于泡沫的存在，使得液体密度发生较大波动，往往还会引起浸矿设备液位虚高，致使操作失去平衡，甚至发生事故。由于泡沫漫溢，必然会污染生产环境及其周围环境。因此消泡成为低品位菱镁矿综合利用的重大工艺难题。该技术研究采用添加消泡剂结合浸出工艺流程去除体系泡沫，大大提高了浸矿反应速率及设备使用效率。

消泡剂技术指标：型号：M-30H 硅聚醚耐酸型消泡剂；外观：透明液体，水溶性，分散于水中；pH 值为 5.5～8；黏度（25 ℃）200～400 MPa · s；非离子型消泡剂（表 7-2）。

表 7-2　消泡实验物料比及投料方式

物料	菱镁矿尾矿	浓硫酸	水	消泡剂
配比/%	23.8	28.5	47.6	0.1
投料顺序 A	1	2	3	2
投料顺序 B	1	3	2	2

泡沫是气体在液体中的粗分散体，属于气-液非均相体系。体积密度接近气体而不接近液体的气-液分散体。以 A 顺序投料，浸出反应初期酸浓度高，菱镁矿粉含量大，体系黏度大，生成的气泡密集而微小，气泡直径小于 1 mm，扩散慢，反应体系整体形成固、液、气较为均匀的“微小气泡分散体”，气泡不易破灭，机械搅拌效果很小，试验研究中反应器体积 3 倍于物料总体积，仍发生漫溢。以 B 顺序投料，先以水稀释矿物，有效降低了浸出反应初期酸的浓度，体系黏度减小，反应体系分为上下两层，即下层高密度的固液混合体系及上层气多液少的“气泡分散体”，生成的气泡迅速生长成为大气泡，扩散快，轻触即可使泡沫破灭，反应器体积 2 倍于物料总体积，即不再发生漫溢现象。而添加消泡剂，其消泡、抑泡力强，用量少，不影响起泡体系的基本性质，耐热性好，化学性稳定，无腐蚀、无毒、无不良副作用、不燃、不爆，消泡剂直接加入，提高了浸矿反应速率及设备使用效率。

7.5 镁资源综合利用工艺流程

本书以辽宁鞍山某地低品位菱镁矿石为研究对象，采用细菌预处理-反浮选脱除菱镁矿石中含硅矿物，获得高品位菱镁矿精矿，尾矿制备硫酸镁，形成预处理-反浮选-尾矿硫酸浸出，综合利用低品位菱镁矿石中镁资源的工艺。镁资源综合利用工艺数质量流程见图 7-10。

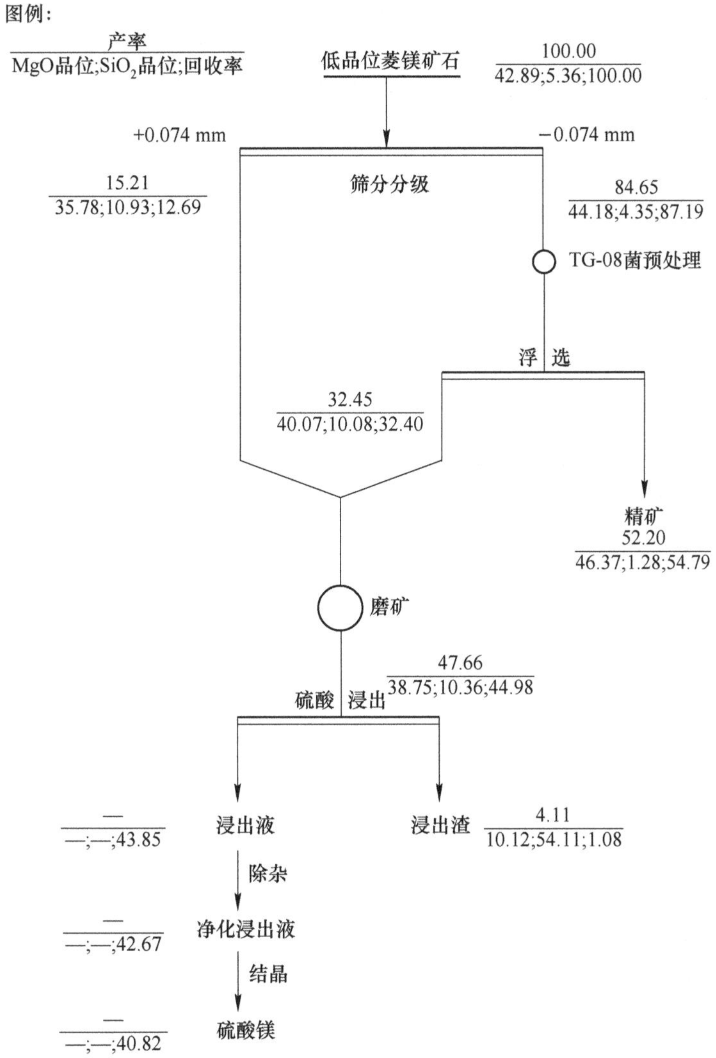

图 7-10 镁资源综合利用工艺数质量流程图

由图 7-10 可知，镁资源综合利用工艺过程为低品位菱镁矿石经筛分后，-0.074 mm 矿石用 TG-08 菌预处理浮选，浮选精矿为高品位菱镁矿石，+0.074 mm 矿石和浮选尾矿磨矿后进行硫酸浸出，浸出液经净化、结晶得硫酸镁。低品位菱镁矿石中氧化镁的综合回收率为 95.61%，达到综合利用的目的。

7.6　本章小结

（1）采用硫酸浸出菱镁矿尾矿，尾矿磨细至-0.074 mm，在反应温度 80 ℃，反应时间 2 h，硫酸用量 1.5 mol/L，液固比 3∶1 条件下，镁浸出率可达 84%。

（2）菱镁矿尾矿酸浸过程中，镁浸出过程符合流-固相非催化反应的缩芯模型，浸出过程受扩散和化学反应共同控制，浸出反应的表观活化能为 21.02 kJ/mol。

（3）M-30H 硅聚醚耐酸型消泡剂的直接加入，提高了浸矿反应速率及设备使用效率。

8 浮选精矿制备活性氧化镁

随着节能、环保、绿色、低碳概念的普及与深化，镁化合物被誉为“21 世纪最具开发和应用潜力的绿色工程材料”，在冶金、农业、医药、环保、电子、国防等行业的发展空间更为广阔。据统计，世界镁系产品销量中，氧化镁占总量的 87%，硫酸镁占 8%~10%。20 世纪美国和日本就提出了关于氧化镁“活性”的概念，并规定了几种指标和测定纯度，主要包括柠檬酸活性、吸碘值、吸油值、比表面积、视比容等。高活性的氧化镁均是超微粉末状的，指粒径在 10~1000 nm 的微粒，由于超微粒子的粒径极小，往往在磁、电、声、热以及敏感度等方面表现出常规材料所不具备的特殊性质，因此作为一种新型材料被广泛应用，菱镁矿热解制备高活性氧化镁和碳化制备高纯氧化镁，基础技术成熟，但应用设备的改进，近些年未有很好的发展。

8.1 原料分析

菱镁矿矿石经 TG-08 菌预处理浮选精矿需进一步碳化深加工，使镁资源充分利用。利用碳化法[161-163]制备活性氧化镁，制备过程中杂质用于制备菱镁水泥，使资源利益最大化。

8.2 反应原理

该工艺流程是通过菱镁矿煅烧成轻烧氧化镁然后与水进行消化反应生成氢氧化镁，再进行碳化，过滤后得到重镁水，热解之后得到的碱式碳酸镁过滤洗涤后干燥，煅烧即得高纯氧化镁产品。反应方程式如下：

煅烧：$MgCO_3 \cdot CaCO_3 \longrightarrow MgO \cdot CaO + 2CO_2\uparrow$

水化：$MgO \cdot CaO + 2H_2O \longrightarrow Mg(OH)_2 + Ca(OH)_2$

碳化：$Mg(OH)_2 + Ca(OH)_2 + 3CO_2 \longrightarrow Mg(HCO_3)_2 + CaCO_3\downarrow + H_2O$

热解：$Mg(HCO_3)_2 + 2H_2O \longrightarrow MgCO_3 \cdot 3H_2O\downarrow + CO_2\uparrow$

$$5(MgCO_3 \cdot 3H_2O) \longrightarrow 4MgCO_3 \cdot Mg(OH) \cdot 8H_2O + CO_2 + 6H_2O$$

$$4MgCO_3 \cdot Mg(OH) \cdot 8H_2O \longrightarrow 4MgCO_3 \cdot Mg(OH) \cdot 5H_2O + 3H_2O$$

煅烧：$4MgCO_3 \cdot Mg(OH) \cdot 5H_2O \longrightarrow 4MgCO_3 \cdot Mg(OH) \cdot 4H_2O + H_2O$

8.3　活性氧化镁制备的影响因素

8.3.1　水化过程的影响

水化过程是制备重镁水的重要过程，水化过程中氧化镁的水化率越高，越有利于重镁水的生成，水化过程主要考察了水化温度和水化时间对水化过程的影响。水化温度和水化时间对水化过程的影响见图 8-1。

水化率的计算方法：

$$水化率 = (m_1 - m_2)/m_1 \times 100\%$$

式中　m_1——轻烧镁中氧化镁的质量；

m_2——水化产物中氧化镁的质量。

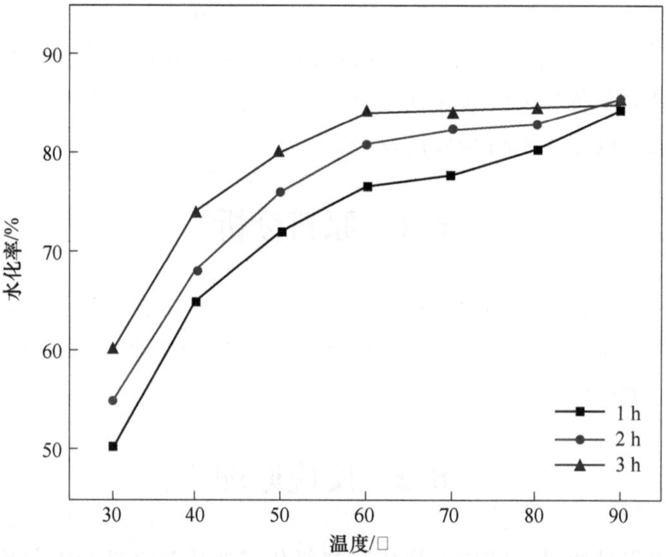

扫码看彩图

图 8-1　水化温度和水化时间对水化率的影响

从图 8-1 中可以看出，水化速率随着水化时间的增加而变小，水化速率最终趋于平衡，水化温度升高，水化反应达到平衡所需要的时间不断减少。当水化温度为 90 ℃时，1 h 后水化率就达到最高，为 84.3%，从水化速率和水化率的角度来看，水化温度 90 ℃，水化时间 1 h 为最适条件。

8.3.2　碳化过程的影响

碳化过程也是制备重镁水的重要一步，是水化过程中镁向溶液中扩散的过程。在碳化过程中，溶液中的钙、铁等元素会以沉淀的形式析出，由此可见，控制碳化过程可以去除溶液中的钙铁杂质。

碳化过程中，重镁水属于不稳定体系，碳化温度不宜过高，温度过高，会影响气体在溶液中的停留时间，控制碳化温度为 25 ℃（室温），考察了碳化 pH 值对溶液中离子的影响，碳化 pH 值对碳化率的影响如图 8-2 所示。

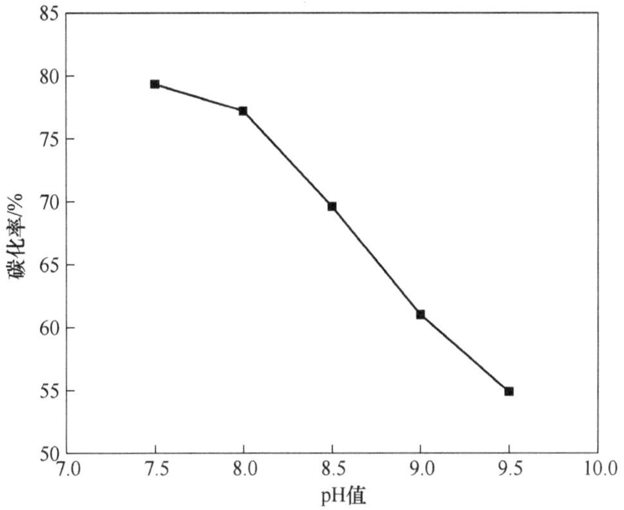

图 8-2 碳化 pH 值对碳化率的影响

由于溶液中同时存在 $Ca(OH)_2$ 和 $Mg(OH)_2$，而 $Ca(OH)_2$ 碱性较 $Mg(OH)_2$ 稍强，$Ca(OH)_2$ 应先吸收 CO_2 而碳化成 $CaCO_3$。所以控制碳化过程，当 $Ca(OH)_2$ 碳化完全时，接着 $Mg(OH)_2$ 便开始碳化，从图 8-2 中可以看出，碳化 pH 值越低，碳化率越高。

8.3.3 热解过程的影响

最终产品氧化镁的活性主要取决于产品颗粒的大小和形貌，而颗粒的晶体形貌主要由其前驱体碱式碳酸镁决定。热解过程是制备氧化镁前驱体的过程，对最终的氧化镁产品活性起着至关重要的作用。碱式碳酸镁的晶体形貌主要由热解温度和热解时间决定，通过考察不同的热解条件找到制备活性氧化镁的条件。

图 8-3 为热解温度和热解时间对热解率的影响。由图可知，随着热解温度的升高，热解率逐渐增大。热解时间为 30 min 时，热解温度从 80 ℃上升为 95 ℃，热解率从 62%上升至 92%，这是因为热解反应是吸热反应，温度越高，化学反应速率越快。热解温度为 95 ℃时，热解时间从 30 min 延长至 120 min，热解率仅变

化 5%，从热解率和热解速率角度考虑，最适热解温度为 95 ℃，热解时间为 30 min。

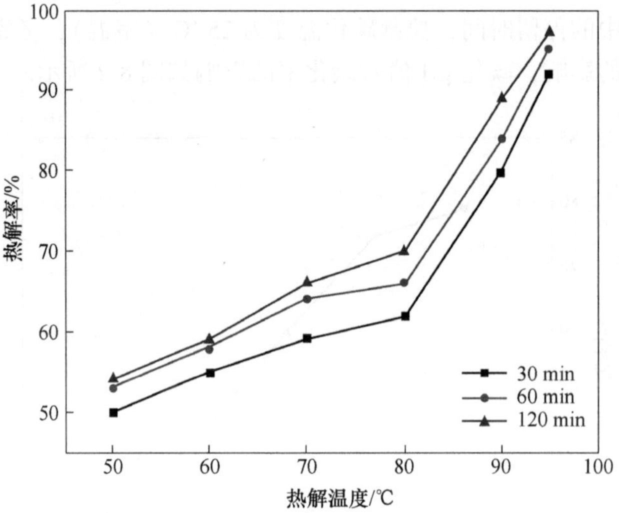

扫码看彩图

图 8-3　热解温度和热解时间对热解率的影响

8.3.4　煅烧过程的影响

将热解产品在不同温度下煅烧，可得到轻烧氧化镁，这一阶段的研究主要考察了煅烧温度和煅烧时间对轻烧氧化镁活性的影响。

参照碱式碳酸镁热重分析曲线图可知其完全分解的温度约为 500 ℃，在此温度下改变不同的煅烧时间，测定了氧化镁的柠檬酸活性值，如图 8-4 所示。从图中可以看出，在保证分解完全的情况下，煅烧时长短于 2 h，柠檬酸活性值随着时间的增加逐渐减小，即活性缓慢升高；煅烧时长超出 2 h，活性急剧减小，这是因为长时间的煅烧会使氧化镁表面晶格重排趋于完整，造成氧化镁的活性降低。

在煅烧时间固定为 2 h 的条件下，考察了煅烧温度对氧化镁活性的影响，结果见图 8-5。从图 8-5 中可以看出，柠檬酸活性随着温度的升高，在 650 ℃时达到一个最小值，随着温度的升高又逐渐增大。在低温下煅烧得到低活性的氧化镁，可能是因为氧化镁的粒度比较大，比表面积较小；氧化镁的活性会随着煅烧温度的升高而降低，这是因为随着煅烧温度的升高，小颗粒消失，大颗粒形成，氧化镁晶体表面变得完整，从而降低了化学能，导致活性降低。

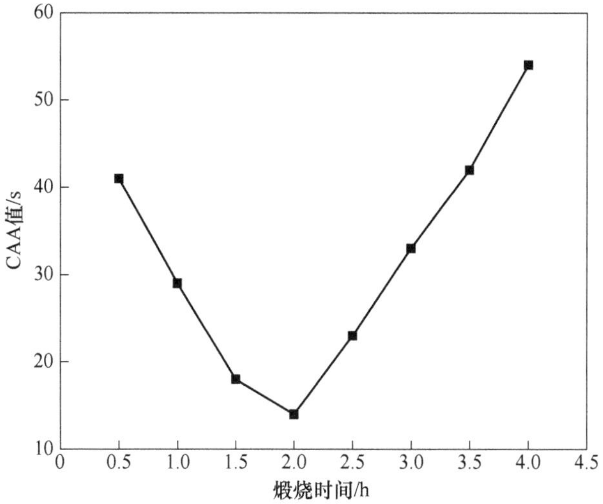

图 8-4 煅烧时间对氧化镁活性的影响

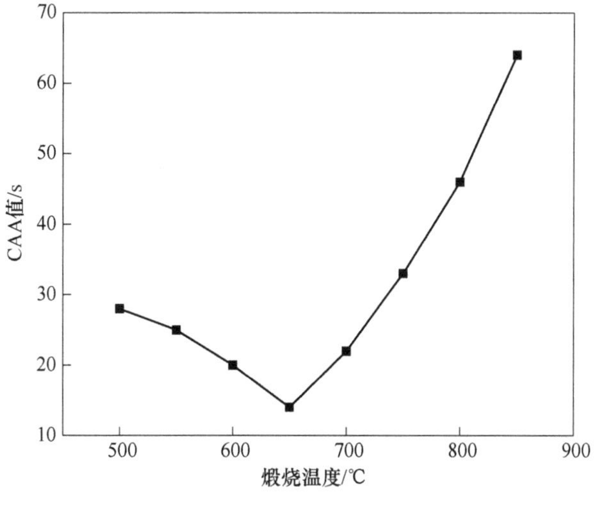

图 8-5 煅烧温度对氧化镁活性的影响

8.3.5 高纯氧化镁的产品检查

高纯氧化镁的 X 射线衍射见图 8-6，该产物的衍射峰位置和强度均与标准图谱（JCPDS431022）的衍射峰数据完全一致，可知粉体为 MgO，并且氧化镁的特征峰尖锐，未发现其他物质衍射峰存在，表明所制备的氧化镁产品纯度高。

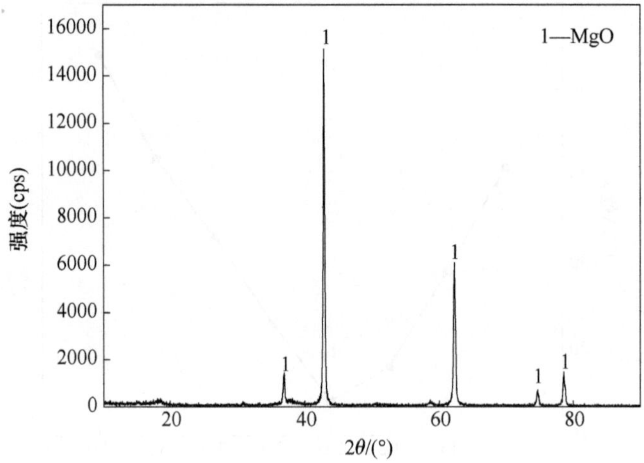

图 8-6　氧化镁 XRD 图

按照《工业氧化镁》（HG/T 2573—2012）标准，分析在优化条件下制备的氧化镁产品的质量，由表 8-1 可知，制取的活性氧化镁纯度为 99%，各项指标都达到标准优等品的要求。

表 8-1　活性氧化镁的质量指标对比

参数	指标要求	试验结果/%
氧化镁（MgO）含量	≥90.0%~95.0%	99
活性（碘吸附值）	≥40~60（mL/5 g）	54
灼烧失量	≤3.0%~5.0%	3.0
盐酸不溶物	≤0.5%~1.0%	—
钙（Ca）含量	≤1.0%~2.0%	0.02
筛余物（45 μm）	≤1.0%	—

8.4　本章小结

（1）制备活性氧化镁的最佳工艺条件：水化温度 90 ℃，水化时间 1 h，碳化 pH 值为 7.5，热解温度为 95 ℃，热解时间为 30 min，煅烧温度 650 ℃，煅烧时间 2 h，可以得到 MgO 品位为 99.00%。

（2）碳化法具有选择性强、不具腐蚀、易于控制等优点。

参 考 文 献

[1] 鲍荣华，郭娟，许容，等．中国菱镁矿开发居世界重要地位［J］．国土资源情报，2012（12）：25-30.

[2] 张永奎．我国菱镁矿的开发利用现状及前景分析［J］．科技信息，2013（5）：424-425.

[3] 冯培忠，曲选辉，吴小飞．关于我国矿产资源利用现状及未来发展的战略思考［J］．中国矿业，2004，13（6）：12-16.

[4] 王兆敏．中国菱镁矿现状与发展趋势［J］．中国非金属矿工业导刊，2005（5）：6-9.

[5] 陈肇友，李红霞．镁资源的综合利用及镁质耐火材料的发展［J］．耐火材料，2005，39（1）：6-15.

[6] 吕品，程恩庆．辽宁镁质材料行业发展趋势［J］．辽宁化工，2004，33（10）：591-604.

[7] 赵东甫．非金属矿床［M］．北京：地质出版社，1986.

[8] 郑水林．非金属矿加工与应用［M］．北京：化学工业出版社，2003.

[9] 何勇，姜明．我国菱镁矿资源的开采利用现状及存在的问题［J］．耐火与石灰，2012，37（3）：25-28.

[10] 罗树庭．菱镁矿选矿的现代趋势［J］．现代矿业，1994（22）：11-16.

[11] 关明久．国内外菱镁矿选矿概述［J］．轻金属，1992（1）：8-10.

[12] 石建军，李银文，王鹏，等．中国菱镁矿选矿现状分析［J］．轻金属，2011（S1）：51-53.

[13] 刘兴美，王怡然，张莹莹．菱镁矿的多产品加工利用［J］．科技致富向导，2013（18）：19.

[14] 易小祥，杨大兵，李亚伟．碳化法处理巴盟隐晶质菱镁矿［J］．矿冶工程，2008（4）：58-60.

[15] 孙传尧，印万忠．硅酸盐矿物浮选原理［M］．北京：科学出版社，2001.

[16] 王淀佐，胡岳华．浮选溶液化学［M］．长沙：湖南科学技术出版社，1988.

[17] 张云海，吴熙群，曾克文．铝土矿反浮选脱硅中BK501抑制剂的研制与应用［J］．金属矿山，2006（11）：41-44.

[18] 陈湘清，胡岳华．氯化钠对铝硅矿物浮选的影响及其作用机理［J］．中国有色金属学报，2004（10）：1770-1775.

[19] 陈湘清，胡岳华．氟化钠在铝硅酸盐矿物浮选中的作用机理研究［J］．金属矿山，2004（10）：32-35.

[20] 肖婉琴．铝土矿反浮选脱硅研究的进展［J］．国外金属矿选矿，2005（12）：16-20.

[21] 任建伟，王毓华．铁矿反浮选脱硅的试验分析［J］．中国矿业，2004，13（4）：70-72.

[22] 高林章，王义达．提高铁精矿铁品位降低SiO_2含量的研究及应用［J］．金属矿山，2004（3）：17-20.

[23] 刘动．铁精矿提铁降硅工艺的改进及建议（二）［J］．矿业工程，2003（3）：32-33.

[24] 赵声贵，钟宏．季铵盐捕收剂对铝硅矿物的浮选行为［J］．金属矿山，2007（368）：45-48.

[25] 伍喜庆，刘长淼，黄志华．石英浮选的新型捕收剂——N-十二烷基-β-氨基丙酰胺

[J]. 中南大学学报（自然科学版），2005，36（3）：412-416.
[26] 伍喜庆，刘长淼，黄志华. 一种铁矿物与石英分离的有效浮选药剂 [J]. 矿冶工程，2005，25（3）：41-43.
[27] WANG Y，REN J. The flotation of quartz from iron minerals with a combined quaternary ammonium salt [J]. International Journal of Mineral Processing，2005，77（2）：116-122.
[28] FUERSTENAU D W，JIA R H. The adsorption of alkylpyridinium chlorides and their effect on the interfacial behavior of quartz [J]. Colloids and Surfaces A：Physicochemical & Engineering Aspects，2004，250（1/2/3）：223-231.
[29] 王灿霞. pH 对胺类捕收剂反浮选脱硅的影响 [J]. 武汉工程大学学报，2011，33（2）：53-54.
[30] 赵世民，王淀佐. 甲萘胺浮选铝硅酸盐矿研究 [J]. 非金属矿，2003，26（5）：34-35.
[31] 王倩倩. 两种捕收剂反浮选菱镁矿的效果对比 [J]. 金属矿石，2012，41（2）：82-85.
[32] 印万忠，李强，马英强. 菱镁矿浮选提纯的研究现状 [C] //中国无机盐工业协会钙镁盐分会，2010.
[33] 余新阳，钟宏，刘广义. 阳离子反浮选脱硅捕收剂研究现状 [J]. 轻金属，2008（6）：6-10.
[34] 丁浩. 六偏磷酸钠在金红石浮选中对磷灰石的抑制作用 [J]. 建材地质，1992（1）：31-34.
[35] 朱建光. 浮选药剂 [M]. 北京：冶金工业出版社，1993：81-115.
[36] 谭欣，郑桂兵，尹琨，等. 辽宁某低品位菱镁矿除杂可选性研究 [J]. 有色金属（选矿部分），2015（2）：54-57.
[37] 朱阳戈，谭欣，闫志刚，等. 低品位菱镁矿浮选试验研究 [J]. 轻金属，2014（2）：1-4.
[38] 马金生，张成龙. 某菱镁矿反浮选试验研究 [J]. 现代矿业，2014（7）：85-86.
[39] 代淑娟，于连涛，张盂. 辽宁吉美地区某低品位菱镁矿浮选提纯实验研究 [J]. 矿冶工程，2014（4）：52-54.
[40] 李银文，于传敏. 低品位菱镁矿选矿脱杂研究 [J]. 轻金属，2012（8）：8-11.
[41] 于连涛，李晓安，刘文刚，等. 捕收剂 LKD 对某低品位菱镁矿的浮选效果影响 [J]. 矿业研究与开发，2015（9）：32-35.
[42] 朱一民，闫啸，潘克俭，等. 辽宁某低品位菱镁矿的浮选提纯试验研究 [J]. 中国矿业，2015（5）：118-120.
[43] 王玉斌. 浅谈菱镁矿和铝矾土的提纯 [J]. 耐火材料，2009（1）：69-72.
[44] 王玉斌，李宗英. 菱镁矿浮选工艺改造试验及降低后序加工能耗探讨 [S]. 山东冶金，2008（2）：25-27.
[45] 李洋. 多因素序贯试验法在菱镁矿提纯中的应用 [J]. 辽宁科技大学学报，2009（3）：245-248.
[46] 纪振明，田鹏杰，陈洲，等. 菱镁矿浮选作用机理研究 [J]. 有色矿冶，2008（6）：21-24.
[47] 姚金，侯英，印万忠，等. 油酸钠浮选体系中蛇纹石对菱镁矿浮选的影响 [J]. 东北大

学学报（自然科学版），2013（6）：889-893.

[48] 姚金，印万忠，王余莲，等．油酸钠浮选体系中菱镁矿与白云石和石英的交互影响[J]．东北大学学报，2013（9）：1330-1334.

[49] 王金良，孙体昌．粒度和调整剂对石英与菱镁矿浮选分离的影响[J]．中国有色金属学报，2008，18（11）：2082-2086.

[50] 王金良，孙体昌，刘一楠．调整剂在菱镁矿石英反浮选分离中的作用研究[J]．中国矿业，2008，17（10）：60-64.

[51] 李强，孙明俊，印万忠，等．菱镁矿浮选特性研究[J]．金属矿山，2010，39（11）：91-94.

[52] 宋振国．几种金属阳离子对方解石与菱镁矿浮选的影响[J]．矿产保护与利用，2014（6）：15-18.

[53] 波特罗 A E C，李长根，雨田．Rhodococcus opacus 菌作为方解石和菱镁矿生物捕收剂的基础研究[J]．国外金属矿选矿，2008，45（1）：17-21.

[54] 李强，孙国印．微生物技术在矿物加工中的应用[J]．科技视界，2015（3）：301-302.

[55] 张琛，红艾，周笑绿，等．生物浸出技术的发展及其电化学研究现状[J]．金属矿山，2014（12）：122-128.

[56] 蓝丽红，杨卓，蓝平，等．微生物在矿物浮选分离领域应用进展[J]．大众科技，2015（1）：61-65.

[57] 周洪波，毛峰，王玉光．嗜酸微生物与生物冶金技术[J]．矿物岩石地球化学通报，2015（2）：269-276.

[58] 宋执．微生物冶金技术的应用及研究综述[J]．黑龙江科技信息，2015（11）：52-53.

[59] 孟春瑜，荆乾坤，马骏，等．微生物技术在稀有金属资源利用中的研究概况[J]．稀有金属，2015（4）：371-378.

[60] 程蓉，舒荣波．微生物技术在低品位铁矿选矿中的应用研究[J]．矿产综合利用，2015（4）：20-23.

[61] 邱廷省，吴紧钢，吴承优．铝土矿脱硅技术及其发展现状[J]．矿山机械，2015（4）：8-13.

[62] 亚历山大罗夫．硅酸盐细菌[M]．北京：科学出版社，1955.

[63] 赵艳，张晓波，郭伟．不同土壤胶质芽孢杆菌生理生化特征及其解钾活性[J]．生态环境学报，2009，18（6）：2284-2289.

[64] 惠明，侯银臣，田青．硅酸盐细菌 GSY-1 胞外多糖的性质及其对铝土矿的脱硅效果[J]．河南师范大学学报，2010，38（1）：142-147.

[65] SHENG X F，HE L Y. Solubilization of potassium bearing minerals by a wildtype strain of bacillus edaphicus and its mutants and increased potassium uptake by wheat [J]. Canadian Journal of Microbiology，2006，52（1）：66-72.

[66] 李海龙，谷洁，张宏斌．秦岭山区硅酸盐细菌的分离、筛选以及初步鉴定[J]．西北农业学报，2011，20（4）：194-199.

[67] 韩梅，王东，林荣峰．具有拮抗作用的硅酸盐细菌的分离与筛选[J]．土壤通报，2011，42（1）：78-81.

[68] 钮因健，邱冠周，周吉奎．硅酸盐细菌的选育及铝土矿细菌脱硅效果［J］．中国有色金属学报，2004，14（2）：281-285.

[69] 唐亮，张进忠，于萍萍，等．硅酸盐细菌的分离、纯化、鉴定及生物学特性研究［J］．山东农业科学，2008（1）：76-78.

[70] 李元芳．硅酸盐细菌肥料的特性和作用［J］．土壤肥料，1994（2）：48-49.

[71] GRONDEVA V I，等．铝土矿的微生物选矿［J］．国外金属矿选矿，1989（11）：9-11.

[72] 李海龙，谷洁，张宏斌．秦岭山区硅酸盐细菌的分离、筛选以及初步鉴定［J］．西北农业学报，2011，20（4）：194-199.

[73] 姜宇，陈海．硅酸盐细菌在解磷、解钾、解硅方面的应用进展［J］．磷肥与复肥，2014（2）：24-26.

[74] MONIB M，ZAHRA M，ABDEL EL-AL S，et al. Role of silicate bacteria in releasing K and Si from biotite and orthoclase［J］．Soil Biology and Conservation of the Biosphere，1984，4（6）：733-743.

[75] 刘晓璐，刘永智，郭涛，等．解钾细菌的筛选、鉴定以及高效培养［J］．北京科技大学学报，2013（4）：551-557.

[76] 贾倩倩，程帆，谢承卫．利用硅酸盐细菌（gy03）制备煤矸石肥料的研究［J］．粉煤灰综合利用，2012（2）：28-31.

[77] 程帆，杨艳梅，谢承卫．外界条件对硅酸盐细菌分解高硫煤矸石的影响［J］．贵州农业科学，2014（2）：207-210.

[78] 蒋先军，谢德体，杨剑虹，等．硅酸盐细菌对矿粉和土壤的解钾源研究［J］．西南农业大学学报，1999，21（5）：473-476.

[79] 蒋先军，黄昭贤，谢德体，等．硅酸盐细菌代谢产物对植物生长的促进作用［J］．西南农业大学学报，2000，22（2）：116-119.

[80] ELIZABETH P，MIGUEL S，et al. Isolation and characterization of mineral phosphate-solubilizing bacteria naturally colonizing a limonitic crust the south-eastern venezuelan region［J］．Soil Biology & Biochemistry，2007，39（1）：2905-12914.

[81] 罗薇，谢德体，黄昭贤，等．硅酸盐细菌对矿粉和土壤的解钾作用研究［J］．西南农业大学学报，1998，20（1）：5-8.

[82] 连宾．硅酸盐细菌 GY92 对伊利石的解钾作用［J］．矿物学报，1998，18（2）：234-237.

[83] GUO J H，QI H Y，GUO Y H，et a1. Biocontrol of tomato wilt by plant growth-promoting rhizobacteria［J］．Biol Control，2004，29（1）：66-72.

[84] 林启美，饶正华，孙众鑫，等．硅酸盐细菌的筛选及其对番茄营养的影响［J］．中国农业科学，2002，35（1）：59-62.

[85] 李定旭．硅酸盐细菌在苹果上的应用效果［J］．果树学报，2003，20（1）：61-64.

[86] 任丽丽，李玉玺，陈阳．硅酸盐细菌解钾作用研究进展［J］．实验科学与技术，2015（2）：209-211.

[87] 王建萍，李琼芳，董发勤，等．3 株常见细菌胞外氨基酸对方解石表面性质的影响［J］．环境科学与技术，2015（2）：1-6.

[88] 王建萍，李琼芳，董发勤，等 . 3 种常见细菌胞外特征有机酸对方解石的溶蚀研究 [J]. 岩石矿物学杂志，2015 (3)：387-392.

[89] 周吉奎 . 三类生物冶金微生物菌种的选育及其与矿物作用研究 [D]. 长沙：中南大学，2004.

[90] 李振高，骆永明，滕应 . 土壤与环境微生物研究法 [M]. 北京：科学出版社，2008.

[91] СОЛОЖЕНКЦН П М ，何清东 . 细菌在矿物工程中的应用 [J]. 国外金属矿选矿，1991 (5)：1-10.

[92] KUPRIYANOVA F G, KRINARI G A, KOLPAKOV A I. The peculiarities of destruction of some silicates during the development of bacillus mucilaginosus spores treated with a microbial ribonuclease [J]. Biotekhnologiya, 1994 (6): 24-27.

[93] 格劳德夫 S N，呼振峰，李长根 . 矿物原料的生物选矿 [J]. 国外金属矿选矿，2000 (6)：2-9.

[94] VRVIĆ M, MATIĆ V, VUČETIĆ J, et al. Demineralization of an oil shale by bacillus circulans ("siliceous bacteria") [J]. Organic Geochemistry, 1990, 16 (4): 1203-1209.

[95] GROUDEV S N, GENCHEV F. Bioleaching of bauxites by wild and laboratory-bred mixrokial strains [J]. Int Congr Study Bauxites Alum (Prepr) 4th, 1978 (1): 271-278.

[96] ANDREEV P I, LYDHEVA L V. Effect of the composition of the culture medium on the bacterial decomposition of aluminosilicates [J]. IZV Vyssh Uchebn Zaued Tsuetn Metal, 1979 (5): 7-9.

[97] 满李阳，肖国光，张贤珍，等 . "硅酸盐"细菌浸出铝土矿及细菌群落结构的变化 [J]. 中南大学学报 (自然科学版)，2015 (2)：394-403.

[98] 张贤珍，林海，孙德四，等 . 硅酸盐结构对硅酸盐细菌生长代谢及脱硅的影响 [J]. 重庆大学学报，2014 (5)：98-103.

[99] 张贤珍，林海，孙德四 . 直接/间接接触模式下 1 株硅酸盐细菌铝土矿脱硅研究 [J]. 功能材料，2013 (17)：2460-2464.

[100] RUSIN P, CASSELLS J, SHARP J, et al. Bioprocessing of refractory oxide ores by bioreduction: Extraction of silver, molybdenum, and copper [J]. Minerals Engineering, 1992, 5 (10/11/12): 1345-1354.

[101] YAKHONTOVA L K, NESTEROVICH L G, SIDYAKMA G G. Bacterial leaching of aluminum form dawsonite [J]. Dolk Akad Nauk SSSR, 1991, 321 (5): 1054-1057.

[102] ULBERG Z R, PERTSOV N V, GARBARA S V, et al. Silicate bacteria during microbiological leaching of metals form ores [J]. Dokl Akad Nauk Vkr SSR Ser B Geol Khim Biol Nauki, 1990 (5): 80-83.

[103] DYER BETSEY D, LYALIKOVA N N, MORRAY D, et al. Role for Microorganisms in the formation of Iridium anomalies [J]. Geology, 1989, 17 (11): 1036-1039.

[104] KARAVAIKO G, EROSINCHEV-SHAK V. Degradation of spochmene by bacterial exopolysaccharrides [J]. DORI Akal Nauk SSSR, 1998, 300 (6): 1491-1493.

[105] KARAVAIKO G, KRUTSKO V S, MCL NIKOVA E O, et al. Role of microorganisms in spodumene destruction [J]. Microbiological, 1980, 49 (3): 547-551.

[106] SOLOZHENKIN P, LYUBAVINA L, LYALIKOVA N. Method of preparing a depressant for flotation of nonsulfide ores [J]. USSR. SUI, 1987, 51 (4): 13-17.

[107] GROUDEV S N, GROUDEVA V I, SPASOVA I I. Ertraction of gold and silver from oxide ores by means of a combined biological and chemical leaching [C] // International Biohydrometallurgy Symposium, 1993.

[108] DAI Q W, DONG F Q, ZHAO Y L, et al. Reciprocity Effect between Silicate Bacteria and Wollastonite [J]. Mineral Journal, 2013 (S1): 16.

[109] QIAN C X, PAN Q F, WANG R X. Cementation of sand grains based on carbonate precipitation induced by microorganism [J]. Science China Technological Sciences, 2010 (8): 2198-2206.

[110] LIAN B, DONALD L D, FU P Q. Application and mechanism of silicate bacteria in agriculture and industry [J]. Gu Zhou Science, 2000, 18 (1/2): 44-53.

[111] PATRA P, NATARAJAN K A. Role of mineral specific bacterial proteins in selective flocculation and flotation [J]. International Journal of Mineral Processing, 2008, 88 (1): 53-58.

[112] SANTHIYA D, SUBRAMANIAN S, NATARAJAN K A, et al. Bio-modulation of galena and sphalerite surfaces using Thiobacillus thiooxidans [J]. International Journal of Mineral Processing, 2001, 62 (1): 121-141.

[113] SHARMA P K, RAO K H. Adhesion of Paenibacillus polymyxa on chalcopyrite and pyrite: surface thermodynamics and extended DLVO theory [J]. Colloids & Surfaces B Biointerfaces, 2003, 29 (1): 21-38.

[114] RAO M K, NATARAJAN K A, SOMASUNDARAN P. Effect of biotreatment with Thiobacillus ferrooxidans on the floatability of sphalerite and galena [J]. Minerals & Metallurgical Processing, 1992, 7: 95-100.

[115] VANDEVIVERE P, WELCH S A, ULLMAN W J, et al. Enhanced dissolution of silicate minerals by bacteria at near-neutral pH [J]. Microbial Ecology, 1994, 27 (3): 241-251.

[116] SANTELLI C M, WELCH S A, WESTRICH H R, et al. The effect of Fe-oxidizing bacteria on Fe-silicate mineral dissolution [J]. Chemical Geology, 2001, 180 (1): 99-115.

[117] BANFIELD J F, BARKER W W, WELCH S A, et al. Biological impact on mineral dissolution: application of the lichen model to understanding mineral weathering in the rhizosphere [J]. Proceedings of the National Academy of Sciences of the United States of America, 1999, 96 (7): 3404-3411.

[118] 胡庆福，宋丽英，刘宝树．中国工业镁化合物生产现状与展望［J］. 无机盐工业，2009，39（4）：754-757.

[119] KIEV U. Synthesis of nanosized ZnO/MgO solid and its catalytic activity for CO oxidation [J]. Cui hua Xue bao, 2008, 29 (11): 1079-1083.

[120] BHAGIYALAKSHMI M, JI Y L, JANG H T. Synthesis of mesoporous magnesium oxide: Its application to CO_2 chemisorption [J]. International Journal of Greenhouse Gas Control, 2010, 4 (1): 51-56.

[121] 胡庆福．镁化合物的生产及应用［M］．北京：化学工业出版社，2000：21.

[122] 唐林生，苏明阳，于凯，等．双滴加法制备纳米氢氧化镁［J］．青岛科技大学学报（自然科学版），2010（3）：238-241.

[123] 陈经华，孙传尧．月桂胺浮选体系中菱锌矿和异极矿的浮游性研究［J］．有色金属（选矿部分），2006（2）：45-47.

[124] HOSSEINI S H, FORSSBERG E. Adsorption studies of smithsonite flotation using dodecylamine and oleic acid [J]. Minerals & Metallurgical Processing, 2000, 23 (2): 87-96.

[125] MISHRA S K. Electrokinetic properties and flotation behavior of apatite and calcite in the presence of dodecylamine chloride [J]. International Journal of Mineral Processing, 1979, 6 (2): 119-132.

[126] 王淀佐，胡岳华．氢氧化物表面沉淀在石英浮选中的作用［J］．中南大学学报（自然科学版），1990，21（6）：248-253.

[127] 石云良，邱冠周，胡岳华，等．石英浮选中的表面化学反应［J］．矿冶工程，2001，21（3）：43-48.

[128] 李丽匣，印万忠，冯丹，等．油酸钠体系下铁矿物及石英的浮选性能［J］．金属矿山，2011（8）：68-71.

[129] LEROY P, DEVAU N, REVIL A, et al. Influence of surface conductivity on the apparent zeta potential of amorphous silica nanoparticles [J]. Journal of Colloid and Interface Science, 2013, 410: 81-93.

[130] NATARAJAN K A, NAMITA D. Role of bacterial interaction and bioreagents in iron ore flotation [J]. International Journal of Mineral Processing, 2001, 62 (7): 143-157.

[131] FROST R L. Raman spectroscopic study of the magnesium carbonate mineral hydromagnesite ($Mg_5[(CO_3)_4(OH)_2] \cdot 4H_2O$) [J]. Journal of Raman Spectroscopy, 2011, 42 (8): 1690-1694.

[132] PADUKONE S U, NATARAJAN K A. Microbially induced separation of quartz from calcite using Saccharomyces cerevisiae [J]. Colloids & Surfaces B Biointerfaces, 2011, 88 (1): 45-50.

[133] GAWEL J, MALISZEWSKA I, SADOWSKI Z. The effect of biopretreatment on the flotation recovery of magnesite tailings [J]. Minerals Engineering, 1997, 10 (8): 813-824.

[134] NATARAJAN K A, NAMITA D. Role of bacterial interaction and bioreagents in iron ore flotation [J]. International Journal of Mineral Processing, 2001, 62 (7): 143-157.

[135] GRAHAM J A, WALKER J M. Infrared determination of quartz in clay minerals [J]. Applied Spectroscopy, 1983, 37 (4): 342-347.

[136] RODRIGUEZ K, ARAUJO M. Temperature and pressure effects on zeta potential values of reservoir minerals [J]. Journal of Colloid and Interface Science, 2006, 300 (2): 788-794.

[137] EJTEMAEI M, IRANNAJAD M, GHARABAGHI M, et al. Role of dissolved mineral species in selective flotation of smithsonite from quartz using oleate as collector [J]. International

Journal of Mineral Processing, 2012 (114/115/116/117): 40-47.

[138] GAN W, CROZIER B, LIU Q. Effect of citric acid on inhibiting hexadecane-quartz coagulation in aqueous solutions containing Ca^{2+}, Mg^{2+} and Fe^{3+} ions [J]. International Journal of Mineral Processing, 2009, 92 (1): 84-91.

[139] FARAHAT M, HIRAJIMA T, SASAKI K, et al. Adhesion of Escherichia coli onto quartz, hematite and corundum: extended DLVO theory and flotation behavior [J]. Colloids & Surfaces B Biointerfaces, 2009, 74 (1): 140-149.

[140] DEO N, NATARAJAN K A, SOMASUNDARAN P. Mechanisms of adhesion of Paenibacillus polymyxa onto hematite, corundum and quartz [J]. International Journal of Mineral Processing, 2001, 62 (1): 27-39.

[141] SHAO W, XIONG Z, LI S, et al. The effect of magnetic field on growth of Escherichia coli [J]. Microbiology, 2000, 27 (2): 112-114.

[142] SOMASUNDARAN P, REN Y, RAO M Y. Applications of biological processes in mineral processing [J]. Colloids & Surfaces A Physicochemical & Engineering Aspects, 1998, 133 (S1/S2): 13-23.

[143] JABLONOVSKÁ K, IVETA TYRIAKOVÁ, JAVORSKY P. Participation of bacteria in weathering processes of silicates [J]. Acta Montanistica Slovaca, 2005, 10 (special issue 1): 174-177.

[144] YANG Z, WANG W, LIU S. Flocculation of coal waste slurry using bioflocculant produced by Azotobacter chroococcum [J]. Energy & Fuels, 2017, 31 (2): 1460-1467.

[145] PRAKASAN M R, NATARAJAN K A. Microbially induced separation of quartz from hematite using sulfate reducing bacteria [J]. Colloids & Surfaces B Biointerfaces, 2010, 78 (2): 163-170.

[146] 罗思岗，王福良．分子力学在研究浮选药剂与矿物表面作用中的应用 [J]. 矿冶，2009, 18 (1): 1-4.

[147] REIMER U, WAHAB M, SCHILLER P, et al. Monte Carlo study of surfactant adsorption on heterogeneous solid surfaces [J]. Langmuir, 2005, 21 (4): 1640-1646.

[148] TAREK M, BANDYOPADHYAY S, KLEIN M L. Molecular dynamics studies of aqueous surfactant systems [J]. Journal of Molecular Liquids, 1998, 78: 1-6.

[149] LEERMAKERS F A M, KOOPAL L K, GOLOUB T, et al. Confinement-induced symmetry breaking of interfacial surfactant layers [J]. The Journal of Physical Chemistry B, 2006, 110 (17): 8756-8763.

[150] 宋其圣，郭新利．十二烷基磺酸钠在 SiO_2 表面聚集的分子动力学模拟 [J]. 物理化学学报，2009, 25 (6): 1053-1058.

[151] 张军，于维到，燕友果，等．咪唑啉缓蚀剂在 Fe (001) 表面吸附行为的分子动力学模拟 [J]. 物理化学学报，2010, 26 (5): 1385-1390.

[152] 付东，陆九芳，李以圭，等．流体间界面张力的热力学研究进展 [J]. 清华大学学报（自然科学版），2000, 40 (10): 61-64.

[153] BALAKIREV V G. On the oriented cleavage of quartz [J]. International Geology Review,

2009, 19 (4): 482-490.

[154] 于传敏. 低品位菱镁矿选矿脱硅技术研究 [J]. 轻金属, 2007 (1): 4-8.

[155] 张一敏. 伊朗隐晶质菱镁矿分选提纯研究 [J]. 矿产保护与利用, 1999 (3): 32-34.

[156] REIMER U, WAHAB M, SCHILLER P, et al. Monte Carlo study of surfactant adsorption on heterogeneous solid surfaces [J]. Langmuir, 2005, 21 (4): 1640-1646.

[157] ECONOMOU E D, VAIMAKIS T C, PAPAMICHAEL E M. The kinetics of dissolution of the carbonate minerals of phosphate ores using dilute acetic acid solutions: the case of pH range from 3.96 to 6.40 [J]. Journal of Colloid & Interface Science, 2002, 245 (1): 133-141.

[158] DÖNMEZ B, DEMIR F, LAÇIN O. Leaching kinetics of calcined magnesite in acetic acid solutions [J]. Journal of Industrial & Engineering Chemistry, 2009, 15 (6): 865-869.

[159] BAKAN F, LAÇIN O, BAYRAK B, et al. Dissolution kinetics of natural magnesite in lactic acid solutions [J]. International Journal of Mineral Processing, 2006, 75 (1): 91-99.

[160] RASCHMAN P, FEDOROČKOVÁ A. Dissolution kinetics of periclase in dilute hydrochloric acid [J]. Chemical Engineering Science, 2008, 63 (3): 576-586.

[161] 鲁仁予, 董俊. 菱镁矿在氮气气氛中的热分解动力学 [J]. 贵州大学学报, 2009, 26 (2): 45-47.

[162] 王伟, 顾惠敏, 翟玉春. 硫酸铵焙烧法从低品位菱镁矿提取镁及其反应动力学研究 [J]. 分子科学学报, 2009, 25 (5): 305-310.

[163] 伊弘, 池汝安, 朱国才, 等. 循环碳化法制备轻质碳酸镁的传质及动力学 [J]. 过程工程学报, 2009, 9 (3): 424-430.

